高等学校教材·计算机科学与技术

计算机组成原理实验指导书
（第 2 版）

李 易 王丽芳 殷 茗 编著

西北工业大学出版社

西 安

【内容简介】 本书主要包括计算机各部件实验和模型机实验两大部分内容。其中部件实验包括存储器实验、总线控制实验、运算器实验和微控制器实验;模型机实验包括基本模型机的设计与实现、带移位运算的模型机的设计与实现、复杂模型机的设计与实现和复杂模型机应用。

本书可作为高等学校计算机相关专业的本科生、研究生和教师的计算机组成原理实验指导书。

图书在版编目(CIP)数据

计算机组成原理实验指导书 / 李易,王丽芳,殷茗编著 . -- 2 版. -- 西安 : 西北工业大学出版社,2024. 12. --(高等学校教材) -- ISBN 978 - 7 - 5612 - 9659 - 2

Ⅰ. TP301 - 33

中国国家版本馆 CIP 数据核字第 202498M0E6 号

JISUANJI ZUCHENG YUANLI SHIYAN ZHIDAOSHU

计 算 机 组 成 原 理 实 验 指 导 书

李易 王丽芳 殷茗 编著

责任编辑:李阿盟		策划编辑:何格夫	
责任校对:曹 江 张心怡		装帧设计:高永斌 李 飞	

出版发行:西北工业大学出版社

通信地址:西安市友谊西路 127 号　　　邮编:710072

电　　话:(029)88491757,88493844

网　　址:www.nwpup.com

印 刷 者:陕西博文印务有限责任公司

开　　本:787 mm×1 092 mm　　　　1/16

印　　张:4

字　　数:100 千字

版　　次:2013 年 11 月第 1 版　 2024 年 12 月第 2 版　 2024 年 12 月第 1 次印刷

书　　号:ISBN 978 - 7 - 5612 - 9659 - 2

定　　价:30.00 元

第 2 版前言

计算机组成原理是计算机科学与技术及软件工程专业的核心课程之一,它不仅涉及计算机硬件的基本组成和工作原理,还涵盖了计算机系统的设计与实现,整个理论课程的学习较抽象、难懂。而其实验课程的学习与实践,可将理论课堂上晦涩难懂的原理变为学生看得见、摸得着的实实在在的每个实验项目,帮助学生理解并掌握单处理机系统的组成结构以及各功能部件的组成和工作原理,进而建立计算机的整机概念,使学生初步具备设计简单计算机系统的能力,为进一步学习计算机专业后继课程和进行与硬件有关的技术工作打下基础。

《计算机组成原理实验指导书》于 2013 年 11 月第 1 版出版至今,已累计印刷了 3 次。该教材旨在通过一系列精心设计的实验项目,帮助学生将理论知识与实践操作相结合,从而更深刻地掌握计算机组成原理。实验内容涵盖了四个部件实验和四个整机实验,部件实验分别是存储器实验、总线控制实验、运算器实验及微控制器实验;整机实验分别是基本模型机的设计与实现、带移位运算的模型机的设计与实现、复杂模型机的设计与实现及复杂模型机的应用。每个实验都旨在提高学生的动手能力和解决问题能力。

本书以先部件实验,再到整机实验的方式组织。

本书的主要指导思想如下:

(1)培养学生理论联系实际的能力。

(2)培养学生动手、独立思考及解决问题的能力。

(3)培养学生实事求是的科学态度。

(4)培养学生的创新能力。

本书的重点内容主要包括存储器实验、运算器实验、微控制器实验及基本模型机的设计与实现。

本书强调各实验的基本实验原理,要求学生能看懂实验原理图,帮助学生通过对实验原理的理解来加深对课堂所学理论知识的理解,引导学生"做中学、做中悟",课程中要求学生能理解实验的每个步骤,详细记录每步实验箱上的数据,并能根据自己的理解进行适当的创新,为课程增添了趣味性,并提高了学生对课程学习的主动性与积极性。

本书在第 1 版的基础上,将内容进行了如下改进:

(1)对第 1 版中的实验一、实验三、实验四和实验五的内容中的错误进行了更正。

(2)为了方便学生对实验原理的理解,在第 1 版中的实验一、实验三、实验四和实验五的内容中分别添加了与实验原理相关的重要理论知识点。

笔者以党的二十大精神为指导,将思政内容贯穿于课堂教学中,培养学生的爱国精神和技术创新能力,提高学生对硬件设计的兴趣,鼓励学生勇于解决国家芯片领域"卡脖子"难题,勇作担当民族复兴大任的时代新人,为实现中华民族伟大复兴贡献智慧和力量。

本书的编写分工如下:实验一至实验六由李易撰写,实验七、实验八和附录由王丽芳、殷茗撰写。

感谢西北工业大学出版社的策划编辑何格夫,他给予了本书大力的支持和帮助。

由于笔者水平有限,书中难免存在欠妥之处,敬请广大读者批评指正。

编著者

2024 年 10 月

第 1 版前言

计算机组成原理实验是计算机科学技术系一门重要的专业基础课,从这门课的内容特点看,它属于工程性、技术性和实践性都很强的一门课,因此,在进行课堂教学的同时,必须对实验环节给予足够的重视,要有良好的实验环境,能开展反映主要教学内容的、水平确实比较高的实验项目,在深化计算机各功能部件实验的同时,加强对计算机整机硬件系统组成与运行原理有关内容的实验;在教学实验的整个过程中,坚持以硬件知识为主的同时,加深对计算机整机系统中软、硬件的联系与配合的认识。传统的计算机组成原理实验教学通常是先做各部件实验,然后再做整机实验,这些实验大都是些事先设计好的验证性实验,学生只需按照规定的实验步骤完成即可。本书旨在加深学生对计算机组成原理的理解,培养学生独立思考能力和动手能力,调动学生学习计算机组成原理的主动性和积极性,提高学生学习计算机组成原理实验课的兴趣。

本书包括计算机各部件实验和模型机实验两大部分内容。其中部件实验包括存储器实验、总线控制实验、运算器实验和微控制器实验;模型机实验包括基本模型机的设计与实现、带移位运算的模型机的设计与实现、复杂模型机的设计和实现及复杂模型机应用。

本书在传统的计算机组成原理实验基础上,增加了学生自主创新实验内容,如将部件实验中的存储器实验与总线实验相结合,运算器实验与总线实验相结合,模型机实验中增加了复杂模型机应用等,从而调动学生学习计算机组成原理课程的主动性和积极性,激发学生的创新思维。

本书紧密结合计算机组成原理理论教学,从教学的实际需要出发,并结合了本课程教学的特点、难点和要点。另外,本书为了方便学生快速掌握各章节理论和实验中的重点和难点内容,在每个实验中都安排实验思考题。

本书由李易、王丽芳共同编写,其中实验一、三、四、五、六、七、八由李易编写,实验二和附录由王丽芳、李易共同编写。

由于时间有限,书中不足之处在所难免,恳请广大读者批评指正。

编　者
2013 年 9 月

目　　录

实验一 存储器实验

1.1 实 验 目 的

掌握静态随机存取存储器（Random Access Memory，RAM，也称主存）的工作特性及数据的读/写方法。

1.2 实 验 内 容

1.2.1 实验原理

1.芯片

芯片(见图1-1)包括输入信号、控制信号和输出信号。

同样的输入信号，当加载不同的控制信号时，芯片会有不同的输出。

控制信号有两种，一种是加圈的，表示该控制信号是0有效，另一种是不加圈的，表示该控制信号是1有效。

图1-1 芯片示意图

2.RAM(随机存取存储器)

主存储器简称主存，是计算机系统的主要存储器，用来存放计算机运行期间的大量程序和数据。

存储器包括存储单元地址和存储单元地址中的数据，本实验箱用的地址线与数据线都是8位。存储单元如图1-2所示，表示15H地址单元中存储的数据是53H。

思考：电源关闭再开启后，主存储器RAM中的数据是否会改变？

| 15H | 0 | 1 | 0 | 1 | 0 | 0 | 1 | 1 | 53H |

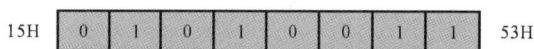

图 1-2　存储单元示意图

3.随机存取存储器的读、写操作

对随机存取存储器的操作有写操作和读操作。

中央处理器(Central Processing Unit,CPU)对存储器进行读/写操作,首先由地址总线给出地址信号,然后发出读操作或写操作的控制信号,最后在数据总线上进行信息交流。因此,存储器同 CPU 连接时,要完成地址线的连接、数据线的连接和控制线的连接。

主存储器单元电路主要用于存放实验机的机器指令,如图 1-3 所示,它的数据总线挂在外部数据总线 EXD0~EXD7 上;它的地址总线由地址寄存器单元电路中的地址寄存器74LS273(U37)给出,地址值由 8 个发光二极管(Light Emitting Diode,LED)即 LAD0~LAD7 显示,高电平亮,低电平灭。在手动方式下,输入数据由 8 位数据开关 KD0~KD7 提供,并经一个三态门 74LS245(U51)连至外部数据总线 EXD0~EXD7,实验时将外部数据总线 EXD0~EXD7 用 8 芯排线连到内部数据总线 BUSD0~BUSD7,分时给出地址和数据;它的读信号直接接地,写信号和片选信号由写入方式确定。该存储器中机器指令的读、写分手动和自动两种方式。手动方式下,写信号由 WE 提供,片选信号由 CE 提供;自动方式下写信号由控制 CPU 的 P1.2 提供,片选信号由控制 CPU 的 P1.1 提供。

由于地址寄存器为 8 位,故接入存储器芯片 6264 的地址为 A0~A7,而高 5 位 A8~A12 接地,所以其实际的使用容量为 256 B。6264 有 4 个控制线:第一片选线 CS1,第二片选线 CS2、读线 $\overline{OE}$、写线 $\overline{WE}$。其功能如表 1-1 所示。$\overline{CS1}$ 片选线由 CE 控制(对应开关CE)、$\overline{OE}$读线直接接地、$\overline{WE}$写线由 W/R 控制(对应开关 WE)、CS2 直接接+5 V。

表 1-1　6264 功能表

工作方式	I/O		输入		
	DI	DO	/OE	/WE	/CS
非选择	X	HIGH-Z	X	X	H
读出	HIGH-Z	DO	L	H	L
写入	DI	HIGH-Z	H	L	L
写入	DI	HIGH-Z	L	L	L
选择	X	HIGH-Z	H	H	L

图 1-3 中信号线 LDAR 由开关 LDAR 提供,手动方式实验时,跳线器 LDAR 拨在左边,脉冲信号 T3 由实验机上时序电路模块 TS3 提供,实验时只需将 J22 跳线器连上即可,T3 的脉冲宽度可调。

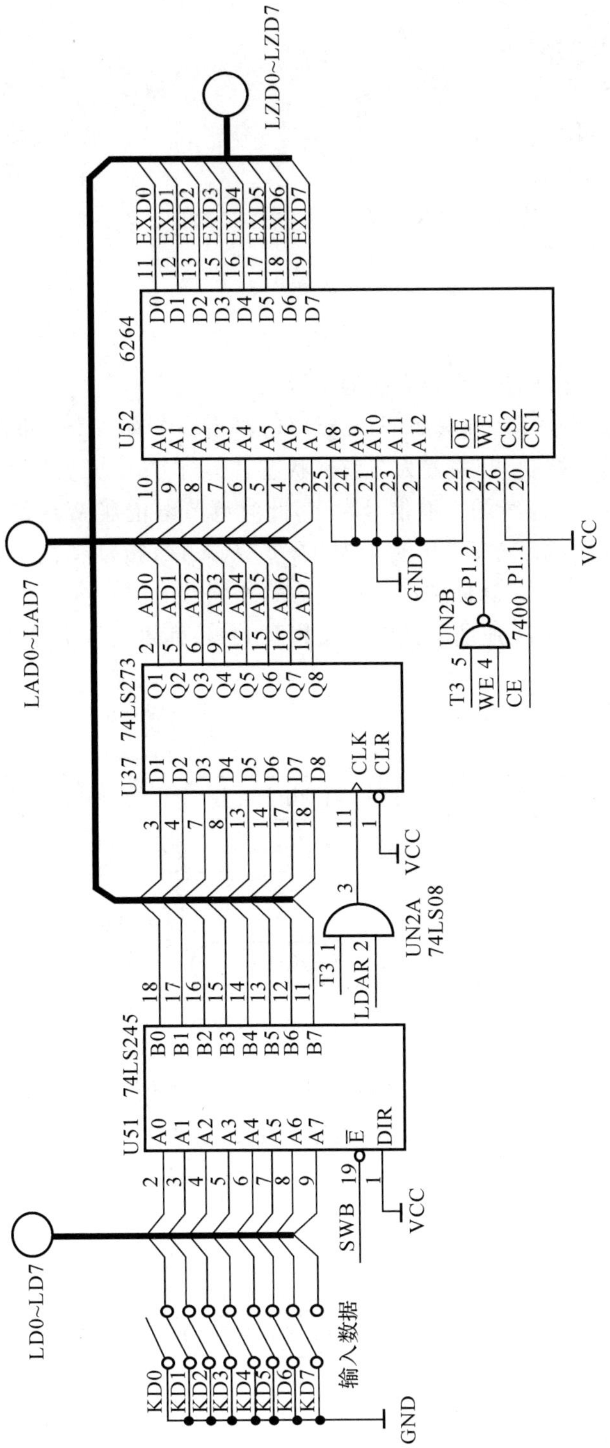

图1-3 存储器实验原理图

1.2.2 实验接线

(1)MBUS 连 BUS2。

(2)EXJ1 连 BUS3。

(3)跳线器 J22 的 T3 连 TS3。

(4)跳线器 J16 的 SP 连 H23。

(5)跳线器 SWB,CE,WE,LDAR 拨在左边(手动位置)。

1.2.3 实验步骤

实验步骤如下：

(1)连接实验线路,仔细查线无误后接通电源。

(2)形成时钟脉冲信号 T3,方法如下:在时序电路模块中有两个二进制开关"运行控制"和"运行方式"。将"运行控制"开关置为"运行"状态、"运行方式"开关置为"连续"状态时,按"启动运行"开关,则 T3 有连续的方波信号输出,此时调节电位器 W1,使 T3 输出实验要求的脉冲信号。本实验中"运行方式"开关置为"单步"状态,每按动一次"启动运行"开关,则 T3 输出一个正单脉冲信号,其脉冲宽度与连续方式相同。

(3)给随机存储器的 00H 地址单元中写入数据 11H,具体操作步骤如图 1-4 所示。

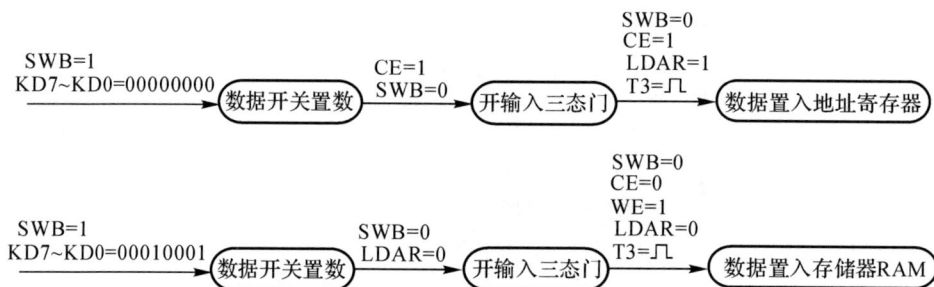

图 1-4 给存储器写入数据

如果要对其他地址单元写入数据,方法同上,只是输入的地址和数据不同。

(4)读出刚才写入 00 地址单元的数据,观察该数据是否与写入的一致。具体操作步骤如图 1-5 所示。

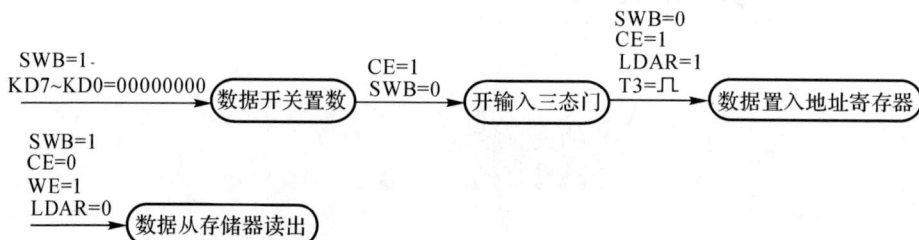

图 1-5 读出存储器数据

1.2.4　实验思考题

(1)RAM 和 ROM 的中文全称是什么?

(2)电源关闭后再开启,RAM 中的数据是否会改变?

(3)对随机存取存储器的操作有哪些?

1.2.5　实验创新内容

实验要求:将某一存储单元中的数据显示在实验箱的数码管上。

实验二　总线控制实验

2.1　实　验　目　的

(1)理解数据通路的概念及特性。
(2)掌握数据通路传输的控制特性。

2.2　实　验　内　容

2.2.1　实验原理

数据通路就是将不同的设备连至总线上,这些设备包括存储器、输入设备、输出设备、寄存器等。这些设备都需要有三态输出控制,按照传输要求恰当、有序地控制它们,就可以做数据传输通路。总线控制实验原理图如图2-1所示。

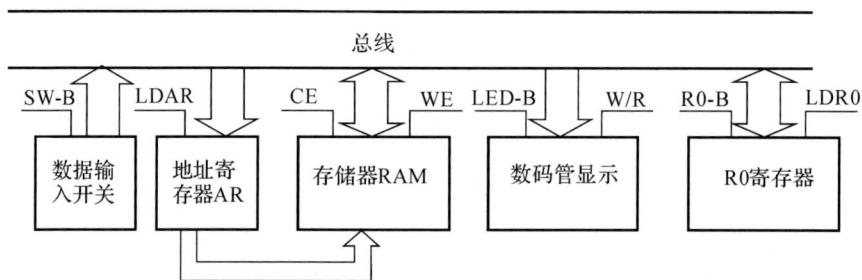

图2-1　总线控制实验原理图

2.2.2　实验要求

根据挂在总线上的几个基本部件,设计一个简单的流程:
(1)输入设备先将一个数打入R0寄存器。
(2)输入设备将另一个数打入地址寄存器。
(3)将R0寄存器中的数写入当前地址的存储器中。
(4)将当前地址的存储器中的数用LED数码管显示。

2.2.3　实验接线

实验接线步骤如下：

（1）REGBUS 连 EXJ2。

（2）EXJ1 连 BUS1，MBUS 连 BUS2。

（3）跳线器 SWB，LDAR，CE，WE 拨在左边（手动位置）。

（4）用单芯线连接 J13（中间端 LDR0）到 UJ2 最右端，J14（中间端 R0B）到 UJ2 右端第二针，J18（中间端 OUTWR）连 UJ2 右端第三针，J24（中间端 LEDB）连 UJ2 右端第四针，即 UA0 控制 LDR0，UA1 控制 R0B，UA2 控制 OUTWR，UA3 控制 LEDB。

（5）拔掉 J22，J23 跳线器。

2.2.4　实验步骤

实验步骤如下：

（1）连接实验线路，仔细查线无误后接通电源。

（2）初始状态设为：关闭所有三态门（SWB=1，CE=1，R0B=1，LEDB=1），其他控制信号为 LDAR=0，LDR0=0，WE=0，OUTWR=1。

（3）送数据 63 到寄存器 R0，送数据 20 到地址寄存器，然后将 R0 寄存器内的数送入存储器，最后将存储器的内容输出到 LED 上显示，具体操作步骤如图 2-2 所示。

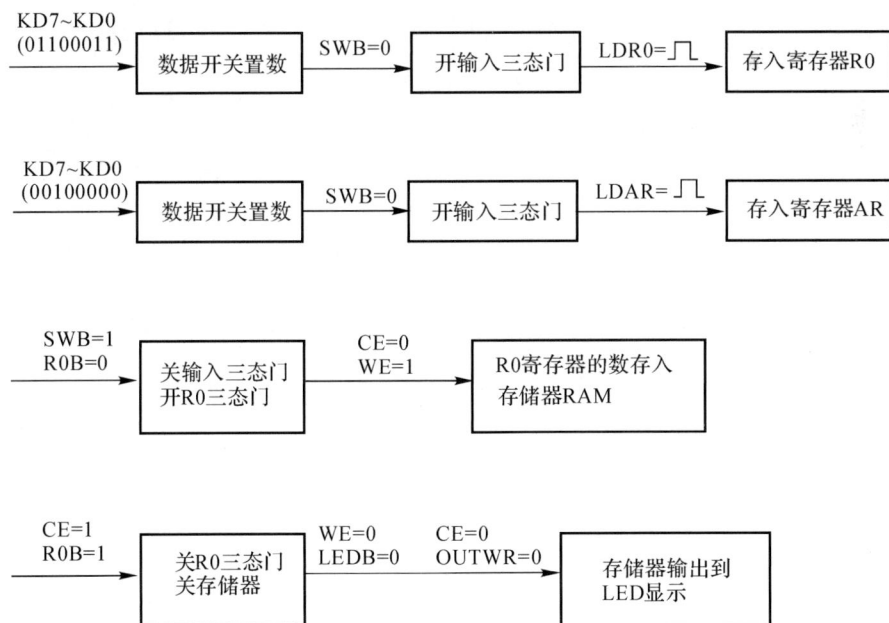

图 2-2　实验操作步骤

注：⌐￢ 为正脉冲，用开关设置：初始为"0"，然后置"1"，再置"0"。

2.2.5 实验思考题

(1)总线是由哪些部件组成的?

(2)常用的总线有哪些?

(3)总线有哪些特点?

(4)将数据显示到数码管上的控制信号有哪几个? 要在 LED 数码管上显示数据,这几个控制信号的值分别应为多少?

2.2.6 实验创新内容

实验要求:用数据输入开关往 R0 寄存器中输入一个数据,然后将该数据显示在 LED 数码管上。

实验三 运算器实验

3.1 8 位算术逻辑运算实验

3.1.1 实验目的

(1)掌握简单运算器的数据传送通路组成原理。

(2)验证算术逻辑运算功能发生器 74LS181 的组合功能。

3.1.2 实验内容

1.运算器的基本概念及组成

运算器是计算机进行数据处理的核心部件。它主要由算术逻辑单元(Arithmetic Logic Unit,ALU)、累加器、暂存寄存器、通用寄存器、移位器、进位移位控制电路及其结果判断电路等组成。

2.运算器的基本概念及组成

各种复杂的运算处理最终可分解为四则运算和基本的逻辑运算,四则运算的核心是加法运算,通过补码可化简为加法运算,减法运算与移位运算配合可实现乘、除运算,阶码运算与尾数的运算组合可以实现浮点运算。

3.1.3 实验原理

实验中所用的运算器数据通路如图 3-1 所示。其中运算器由两片 74LS181 以并/串联形成 8 位字长的 ALU 构成。运算器的输出经过一个三态门 74LS245(U33)到 ALUO1 插座,实验时用 8 芯排线和内部数据总线 BUSD0~BUSD7 插座 BUS1~BUS6 中的任一个相连,内部数据总线通过 LZD0~LZD7 显示灯显示;运算器的两个数据输入端分别由两个锁存器 74LS273(U29,U30)锁存,两个锁存器的输入并联后连至插座 ALUBUS,实验时通过 8 芯排线连至外部数据总线 EXD0~EXD7 插座 EXJ1~EXJ3 中的任一个;参与运算的数据来自 8 位数据开关 KD0~KD7,并经过一个三态门 74LS245(U51)直接连至外部数据总线

EXD0~EXD7,通过数据开关输入的数据由 LD0~LD7 显示。

图 3-1 中算术逻辑运算功能发生器 74LS181(U31,U32)的功能控制信号 S3,S2,S1,S0,CN,M 并行相连后连至 SJ2 插座,实验时通过 6 芯排线连至 6 位功能开关插座 UJ2,以手动方式用二进制开关 S3,S2,S1,S0,CN,M 来模拟 74LS181(U31,U32)的功能控制信号 LDDR1,LDDR2,ALUB,SWB,S3,S2,S1,S0,CN,M;其他电平控制信号以手动方式用二进制开关 LDDR1,LDDR2,ALUB,SWB 来模拟,这几个信号有自动和手动两种产生方式,通过跳线器切换,其中 ALUB,SWB 为低电平有效,LDDR1,LDDR2 为高电平有效。

另有信号 T4 为脉冲信号,在手动方式下进行实验时,只需将跳线器 J23 上 T4 与手动脉冲发生开关的输出端 SD 相连,按动手动脉冲开关,即可获得实验所需的单脉冲。

3.1.4 实验接线

本实验用到 4 个主要模块:低 8 位运算器模块,数据输入并显示模块,数据总线显示模块,功能开关模块(借用微地址输入模块)。

根据实验原理详细接线如下:

(1)ALUBUS 连 EXJ3。

(2)ALUO1 连 BUS1。

(3)SJ2 连 UJ2。

(4)跳线器 J23 上 T4 连 SD。

(5)LDDR1,LDDR2,ALUB,SWB 4 个跳线器拨在左边(手动方式)。

(6)AR 跳线器拨在左边,同时开关 AR 拨在"1"电平。

3.1.5 实验步骤

实验步骤主要如下:

(1)连接线路,仔细查线无误后,接通电源。

(2)用二进制数码开关 KD7~KD0 向 DR1 和 DR2 寄存器置数。其方法为:关闭 ALU 输出三态门(ALUB=1),开启输入三态门(SWB=0),输入脉冲 T4 按手动脉冲发生按钮产生。设置数据具体操作步骤如图 3-2 所示。

说明:LDDR1,LDDR2,ALUB,SWB 4 个信号电平由对应的开关 LDDR1,LDDR2,ALUB,SWB 给出,拨在上面为"1",拨在下面为"0",电平值由对应的显示灯显示,T4 由手动脉冲开关给出。

(3)检验 DR1 和 DR2 中存入的数据是否正确,利用算术逻辑运算功能发生器 74LS181 的逻辑功能,即 M=1。具体操作为:关闭数据输入三态门 SWB=1,打开 ALU 输出三态门 ALUB=0,当置 S3,S2,S1,S0,M 为 11111 时,总线指示灯显示 DR1 中的数,而当置 S3,S2,S1,S0,M 为 10101 时,总线指示灯显示 DR2 中的数。

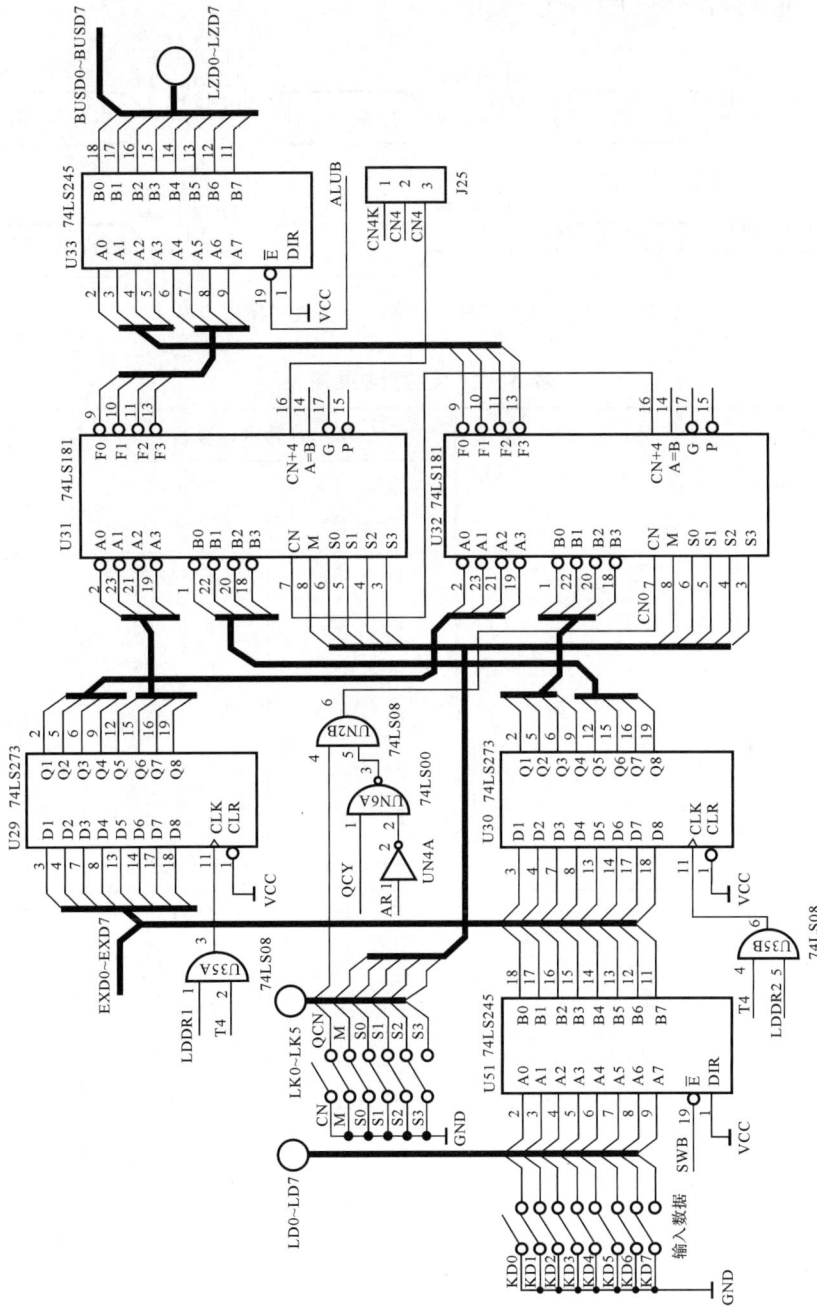

图3-1 8位算术逻辑运算实验原理图

（4）验证 74LS181 的算术运算和逻辑运算功能（采用正逻辑）。在给定 DR1＝35（H），DR2＝48（H）的情况下，改变算术逻辑运算功能发生器的功能设置，观察运算器的输出，填入表 3－1 中，并和理论分析进行比较、验证。

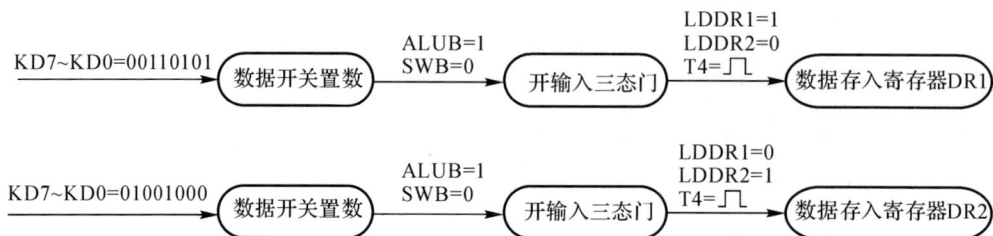

图 3－2　8 位算术逻辑运算实验设置数据操作步骤

表 3－1　运算结果表

DR1	DR2	S3	S2	S1	S0	M＝0（算术运算）		M＝1（逻辑运算）
						Cn＝1 无进位	Cn＝0 有进位	
35	48	0	0	0	0	F＝(35)	F＝(36)	F＝(CA)
35	48	0	0	0	1	F＝(7D)	F＝(7E)	F＝(82)
35	48	0	0	1	0	F＝(B7)	F＝(B8)	F＝(48)
		0	0	1	1	F＝(FF)	F＝(00)	F＝(00)
		0	1	0	0	F＝(6A)	F＝(6B)	F＝(FF)
		0	1	0	1	F＝(B2)	F＝(B3)	F＝(B7)
		0	1	1	0	F＝(EC)	F＝(ED)	F＝(7D)
		0	1	1	1	F＝(34)	F＝(35)	F＝(35)
		1	0	0	0	F＝(35)	F＝(36)	F＝(CA)
		1	0	0	1	F＝(7D)	F＝(7E)	F＝(82)
		1	0	1	0	F＝(B7)	F＝(B8)	F＝(48)
		1	0	1	1	F＝(FF)	F＝(00)	F＝(00)
		1	1	0	0	F＝(6A)	F＝(6B)	F＝(FF)
		1	1	0	1	F＝(B2)	F＝(B3)	F＝(B7)
		1	1	1	0	F＝(EC)	F＝(ED)	F＝(7D)
		1	1	1	1	F＝(34)	F＝(35)	F＝(35)

3.1.6　实验思考题

（1）运算器是由哪些部件组成的？

（2）74LS181 的功能控制信号有哪些？各功能控制信号的作用分别是什么？

3.1.7 实验创新内容

实验要求:将运算器运算后的结果显示在 LED 数码管上。

3.2 带进位控制 8 位算术逻辑运算实验

3.2.1 实验目的

(1)验证带进位控制的算术逻辑运算发生器的功能。

(2)按指定数据完成几种指定的算术运算。

3.2.2 实验原理

带进位控制运算器的实验原理如图 3-3 所示,在实验 3.1 的基础上增加进位控制部分,其中高位 74LS181(U31)的进位 CN4 通过门 UN4E,UN2C,UN3B 进入 UN5B 的输入端 D,其写入脉冲由 T4 和 AR 信号控制。T4 是脉冲信号,在手动方式下进行实验时,只需将跳线器 J23 上 T4 与手动脉冲发生开关的输出端 SD 相连,按动手动脉冲开关,即可获得实验所需的单脉冲。AR 是电平控制信号(低电平有效),可用于实现带进位控制实验。从图 3-3 中可以看出,AR 必须为"0"电平,D 型触发器 74LS74(UN5B)的时钟端 CLK 才有脉冲信号输入,才可以将本次运算的进位结果 CY 锁存到进位锁存器 74LS74(UN5B)中。

3.2.3 实验接线

实验连线(1)~(5)同实验 3.1,详细步骤如下:

(1)ALUBUS 连 EXJ3。

(2)ALUO1 连 BUS1。

(3)SJ2 连 UJ2。

(4)跳线器 J23 上 T4 连 SD。

(5)LDDR1,LDDR2,ALUB,SWB 4 个跳线器拨在左边(手动方式)。

(6)AR,299B 跳线器拨在左边,同时开关 AR 拨在"0"电平,开关 299B 拨在"1"电平。

(7)J25 跳线器拨在右边。

3.2.4 实验步骤

实验步骤如下:

(1)仔细查线无误后,接通电源。

(2)用二进制数码开关 KD7~KD0 向 DR1 和 DR2 寄存器置数,其方法为:关闭 ALU 输出三态门 ALUB=1,开启输入三态门 SWB=0,按手动脉冲发生按钮产生输入脉冲 T4。若选择参与操作的两个数据分别为 55H,AAH,则将这两个数存入 DR1 和 DR2 的具体操作步骤如图 3-4 所示。

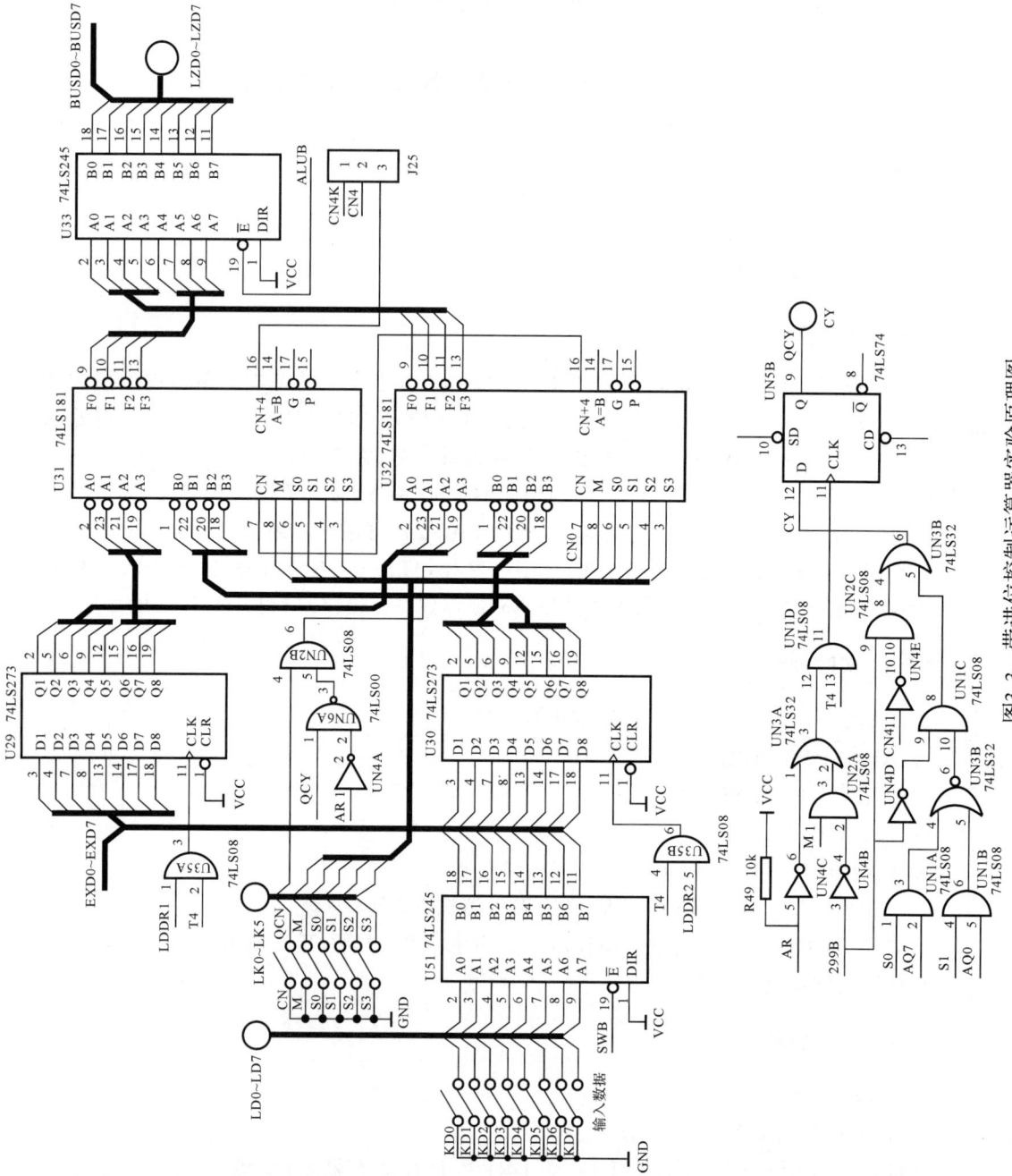

图3-3　带进位控制运算器实验原理图

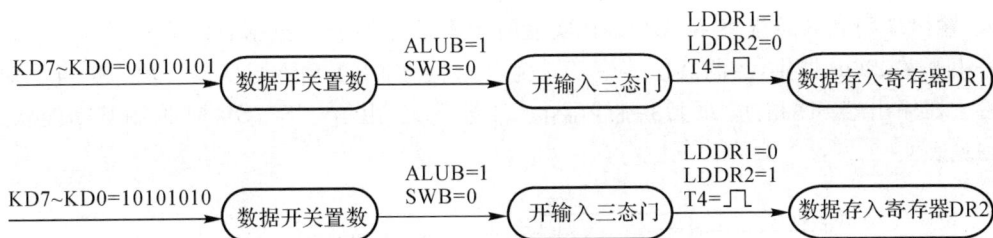

图 3-4 带进位控制 8 位算术逻辑运算实验操作步骤

（3）开关 ALUB=0，开启输出三态门，开关 SWB=1，关闭输入三态门，同时让 LDDR1=0，LDDR2=0。

（4）如果原来有进位，即 CY=1，进位灯亮，但需要清零进位标志时，具体操作方法如下：

1）S3，S2，S1，S0，M 的状态置为 0 0 0 0 0，AR 信号置为"0"电平（清零操作时 DR1 寄存器中的数应不等于 FF）。

2）按动手动脉冲发生开关，CY=0，即清零进位标志。

注：当进位标志指示灯 CY 亮时表示进位标志为"1"，有进位；当进位标志指示灯 CY 灭时，表示进位标志为"0"，无进位。

（5）验证带进位运算及进位锁存功能。这里有以下两种情况：

1）进位标志已清零，即 CY=0，进位灯灭，此时，使开关 CN=0，再来进行带进位算术运算。例如步骤（2）参与运算的两个数为 55H 和 AAH，当 S3，S2，S1，S0，M 状态为 10010 时，输出数据总线显示灯上显示的数据为 DR1 加 DR2 再加初始进位位"1"（因 CN=0），相加的结果应为 ALU=00，并且产生进位，此时按动手动脉冲开关，则进位标志灯亮，表示有进位。如果开关 CN=1，则相加的结果为 ALU=FFH，并且不产生进位。

2）原来有进位，即 CY=1，进位灯亮，此时不考虑 CN 的状态，再来进行带进位算术运算。同样假定步骤（2）参与运算的两个数为 55H 和 AAH，当 S3，S2，S1，S0，M 状态为 10010 时，输出数据总线显示灯上显示的数据为 DR1 加 DR2 再加当前进位标志 CY，相加的结果同样为 ALU=00，并且产生进位，此时按动手动脉冲开关，则进位标志灯亮，表示有进位。

3.2.5 实验思考题

CY 与 CN 是同一个控制信号吗？其功能是什么？

3.3 移位运算器实验

3.3.1 实验目的

验证移位控制器的组合功能。

3.3.2 实验原理

移位运算实验原理如图 3-5 所示，使用了一片 74LS299（U34）作为移位发生器，其 8 位输入/输出端引到 8 芯排座 ALUO2,在实验时用 8 芯排线连至数据总线插座 BUS4。299B 信号由开关 299B 提供,控制其使能端,T4 为其时钟脉冲,手动方式实验时将 T4 与手动脉冲发生器输出端 SD 相连,即 J23 跳线器上 T4 连 SD。由信号 S0,S1,M 控制其功能状态,详细见表3-2。

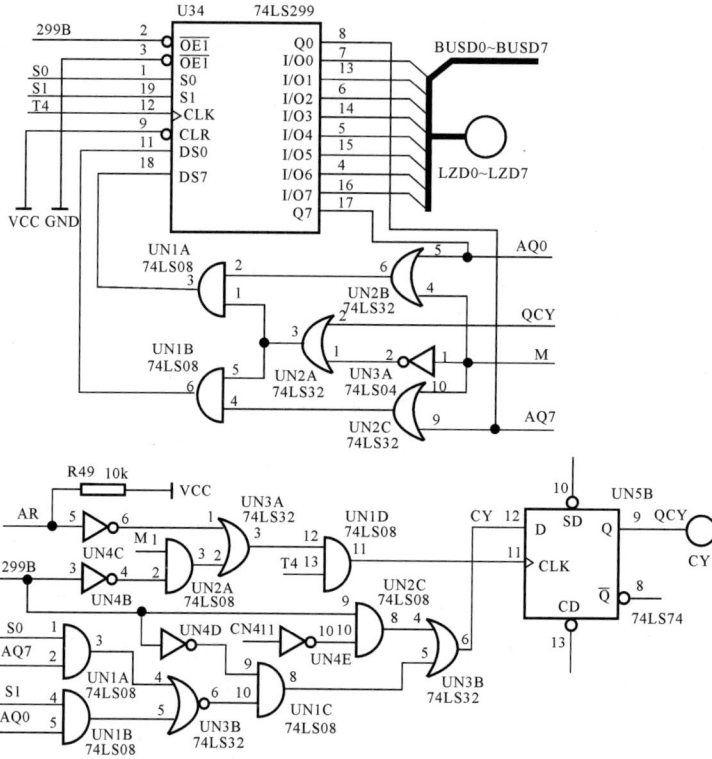

图 3-5　移位运算实验原理图

表 3-2　74LS299 功能表

299B	S1	S0	M	功　　能
0	0	0	任意	保持
0	1	0	0	循环右移
0	1	0	1	带进位循环右移
0	0	1	0	循环左移
0	0	1	1	带进位循环左移
任意	1	1	任意	装数

3.3.3　实验接线

实验接线如下:

（1）ALUO2 连 BUS4。

（2）EXJ1 连 BUS3。

（3）SJ2 连 UJ2。

（4）跳线器 ALUB,299B,SWB 拨在左边（手动位置），且开关 ALUB 拨在"1"电平,开关 299B 拨在"0"电平。

（5）跳线器 J23 上 T4 连 SD。

3.3.4 实验步骤

实验步骤如下：

（1）连接实验线路,仔细查线无误后接通电源。

（2）置数,具体步骤如图 3-6 所示。

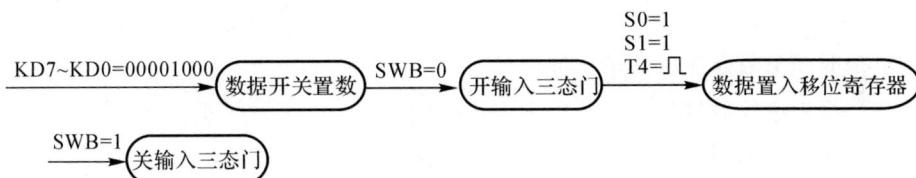

图 3-6 移位运算器实验操作步骤

（3）移位,参照表 3-2 改变 S0,S1,M,299B 的状态,按动手动脉冲开关以产生时钟脉冲 T4,观察移位结果。

3.3.5 实验思考题

（1）在带进位控制的运算器实验中,AR 信号的功能是什么？AR 信号取何值时有效？

（2）移位运算器 74LS299 的功能控制信号有哪些？分别能实现哪些移位控制功能？

（3）移位运算器 74LS299 的移位控制功能中的保持和装数各实现了什么功能？

（4）在 16 位算术逻辑运算中,高 8 位数据是如何显示的？

3.3.6 实验创新内容

实验要求：将移位运算器的结果直接显示在 LED 数码管上。

实验四　微控制器实验

4.1　实验目的

(1)掌握时序信号发生电路的组成原理。
(2)掌握微程序控制器的设计思想和组成原理。
(3)掌握微程序的编制、写入,观察微程序的运行。

4.2　实验内容

4.2.1　实验原理

1.控制器的基本概念及功能

控制器是计算机的核心部件,计算机的所有硬件都是在控制器的控制下完成程序规定操作的。其基本功能就是把机器指令转换为按照一定时序控制机器各部件的工作信号,使各部件产生一系列动作,完成指令所规定的任务。

2.控制器的实现

控制器的实现有两大类:硬布线控制和微程序控制,本实验主要做微程序控制。

3.控制器的基本功能

计算机是根据人们编写的放在主存中的程序来完成一系列任务的,但如何来完成每一条指令的操作呢? 就需要控制器来"解释",即把指令转化为按照一定的时序控制机器各部件的工作信号,使各部件产生一系列动作,完成指令所规定的任务。

4.计算机程序的层次划分

计算机程序的层次划分如下:计算机程序→机器指令→微指令→微命令→微操作。

5.微程序控制器的原理

(1)将每一条机器指令分解为若干条微操作序列,用若干条微指令来解释一条机器指令。再根据整个指令系统的需要,编制出一套完整的微程序,预先存入控制存储器中。

(2)将控制器所需要的微命令以微代码的形式编成微指令,存入控制存储器中,在计算机运行时,不断从控制存储器中取出微指令,用其所包含的微命令来控制有关部件的操作。

6.指令的执行过程

整个计算机工作过程的实质就是指令的执行过程。因为控制器对各个部件的控制都是通过指令实现的。指令的执行过程可以分为四步,如图 4-1 所示。

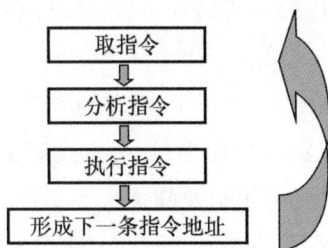

图 4-1 指令的执行过程图

7.微程序控制器的组成结构

微程序控制器的组成结构如图 4-2 所示。

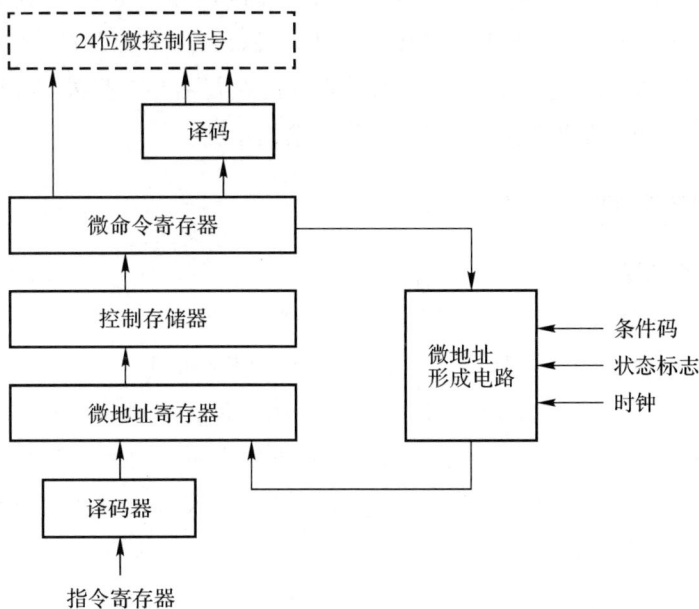

图 4-2 微程序控制器的组成结构图

8.机器指令的执行过程

(1)在一个机器周期的开始,先执行取指操作,从主存中取出机器指令,送入指令寄存器,修改程序计数器(PC)的值。

(2)根据指令译码器对指令进行译码,取出操作码通过微地址形成电路产生对应的微程序入口地址,并送入微地址寄存器。

（3）从被选中的单元中取出相应的一条微指令送入微指令寄存器。

（4）微指令寄存器中的微指令操作控制字段经过译码或直接输出产生一组微命令，送往有关的执行部件，在时序的控制下完成其规定的微操作。

（5）微指令寄存器中的顺序控制字段及有关状态通过微地址生成电路产生后续微地址，并打入微地址寄存器中，继续读取下一条微指令。

（6）执行完一条机器指令对应的一段微程序后，又返回到公共取机器指令——微程序取下一条机口指令。

实验所用的时序电路原理如图 4-3 所示，可产生 4 个等间隔的时序信号 TS1～TS4，其中 SP 为时钟信号，由实验机上的时钟源提供，可产生频率及脉宽可调的方波信号。学生可根据实验要求自行选择方波信号的频率及脉宽。为了便于控制程序的运行，时序电路发生器设计了一个启停控制触发器 UN1B，使 TS1～TS4 信号输出可控。图中"运行方式""运行控制""启动运行"三个信号分别来自实验机上 3 个开关。当"运行控制"开关置为"运行"，"运行方式"开关置为"连续"时，一旦按下"启动运行"开关，运行触发器 UN1B 的输出 QT 一直处于"1"状态，因此，时序信号 TS1～TS4 将周而复始地发送出去；当"运行控制"开关置为"运行"，"运行方式"开关置为"单步"时，一旦按下"启动运行"开关，机器便处于单步运行状态，即此时只发送一个 CPU 周期的时序信号就停机。利用单步方式，每次只运行一条微指令，停机后可以观察微指令的代码和当前微指令的执行结果。另外，当实验机连续运行时，如果"运行方式"开关置"单步"位置，也会使实验机停机。

4.2.2 微程序控制电路与微指令格式

1.微程序控制电路

微程序控制器的组成如图 4-4 所示，其中控制存储器采用 3 片 E^2PROM 2816 芯片，具有掉电保护功能，微命令寄存器 18 位，用两片 8D 触发器 74LS273（U23，U24）和一片 4D 触发器 74LS175（U27）组成。微地址寄存器 6 位，用三片正沿触发的双 D 触发器 74LS74（U14～U16）组成，它们带有清"0"端和预置端。在不判别测试的情况下，T2 时刻打入微地址寄存器的内容即为下一条微指令地址。当 T4 时刻进行测试判别时，转移逻辑满足条件后输出的负脉冲通过强置端将某一触发器置为"1"状态，完成地址修改。

在该实验电路中设有一个编程开关，它具有三种状态：写入、读出、运行。当处于"写入"状态时，学生根据微地址和微指令格式将微指令二进制代码写入控制存储器 2816 中。当处于"读出"状态时，可以对写入控制存储器中的二进制代码进行验证，从而可以判断写入的二进制代码是否正确。当处于"运行"状态时，只要给出微程序的入口微地址，则可根据微程序流程图自动执行微程序。图中微地址寄存器输出端增加了一组三态门（U12），目的是隔离触发器的输出，增加抗干扰能力，并用来驱动微地址显示灯。

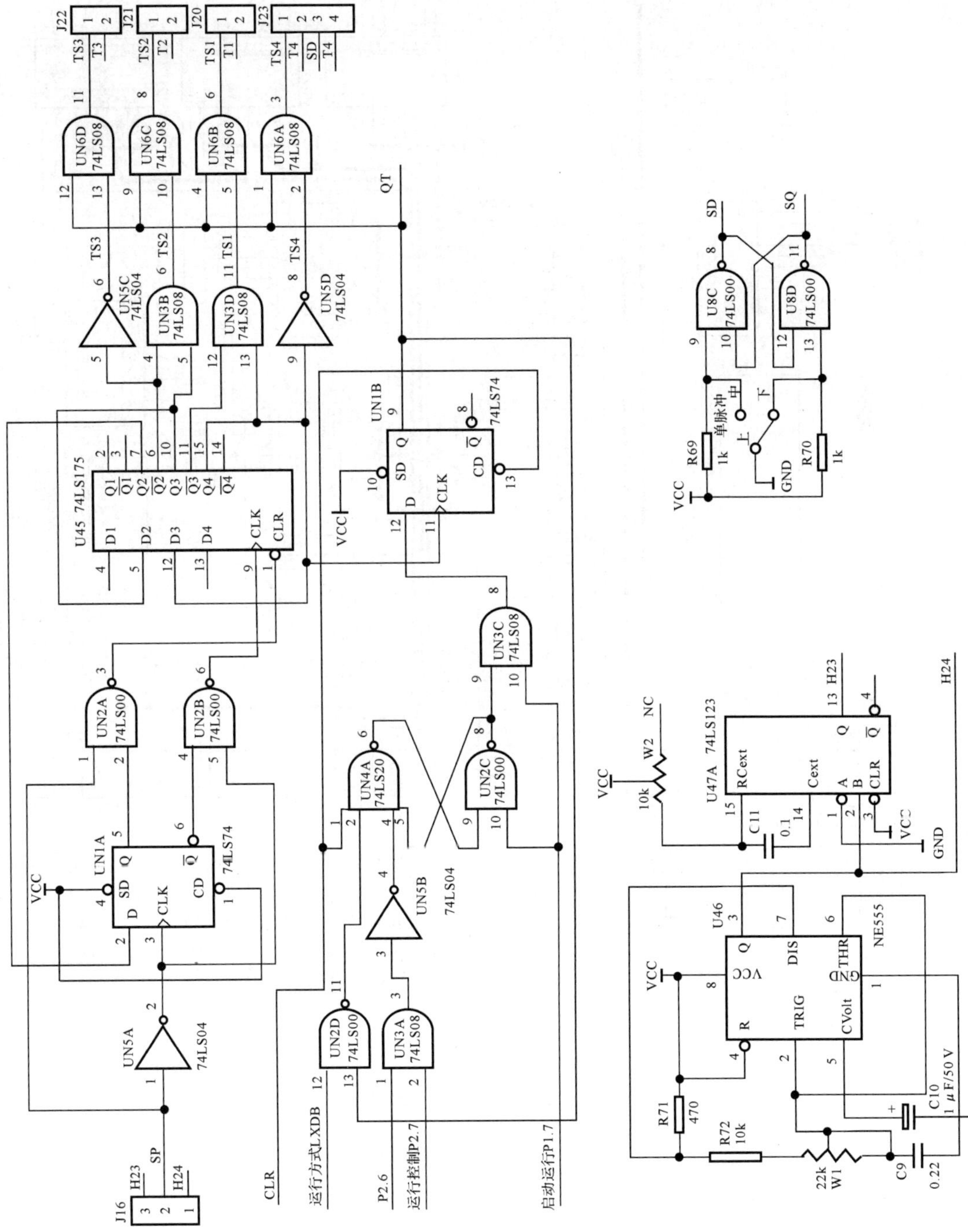

U45 74LS175
UN1A 74LS74
UN1B 74LS74
UN2A 74LS00
UN2B 74LS00
UN2C 74LS00
UN2D 74LS00
UN3A 74LS08
UN3B 74LS08
UN3C 74LS08
UN3D 74LS08
UN4A 74LS20
UN5A 74LS04
UN5B 74LS04
UN5C 74LS04
UN5D 74LS04
UN6A 74LS08
UN6B 74LS08
UN6C 74LS08
UN6D 74LS08
U8C 74LS00
U8D 74LS00
U47A 74LS123
U46 NE555
J16
J20
J21
J22
J23
TS1
TS2
TS3
TS4
QT
SD
SQ
SP
H23
H24
VCC
GND
CLR
单脉冲
运行方式LXDB
运行控制P2.7
P2.6
启动运行P1.7
R69 1k
R70 1k
R71 470
R72 10k
W1 22k
W2 10k
C9 0.22
C10 1 μF/50 V
C11 0.1
NC

图4-3　时序电路原理图

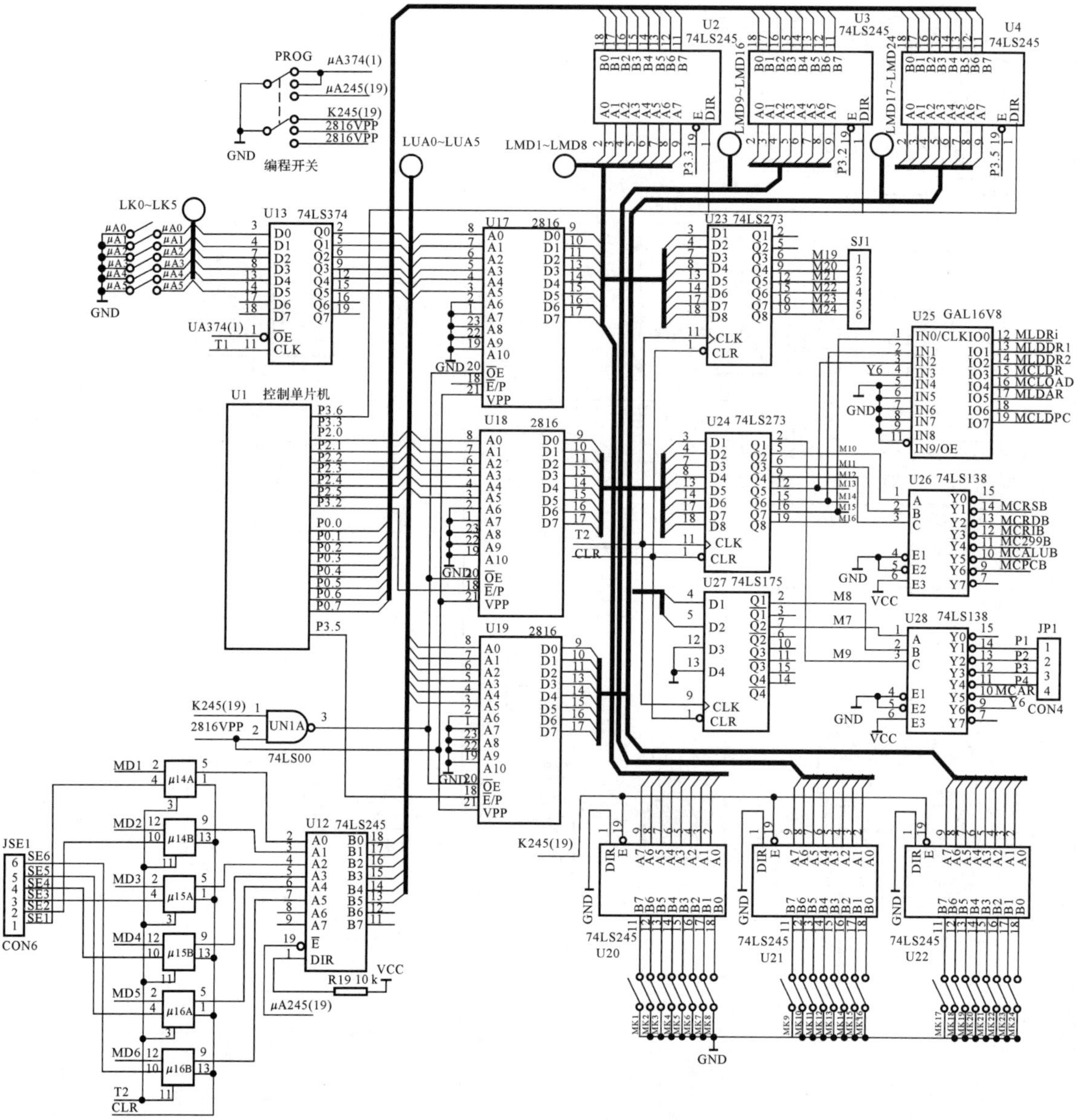

图 4-4 微程序控制器的组成图

2.微指令格式

微指令长共 24 位,其控制位顺序如表 4-1 所示。

表 4-1　微指令控制位顺序表

24	23	22	21	20	19	18	17	16	15 14 13	12 11 10	9 8 7	6	5	4	3	2	1
S3	S2	S1	S0	M	Cn	WE	B1	B0	A	B	C	$\mu A5$	$\mu A4$	$\mu A3$	$\mu A2$	$\mu A1$	$\mu A0$

A 字段				B 字段				C 字段			
15	14	13	选择	12	11	10	选择	9	8	7	选择
0	0	0		0	0	0		0	0	0	
0	0	1	LDRi	0	0	1	RS-B	0	0	1	P(1)
0	1	0	LDDR1	0	1	0	RD-B	0	1	0	P(2)
0	1	1	LDDR2	0	1	1	RI-B	0	1	1	P(3)
1	0	0	LDIR	1	0	0	299-B	1	0	0	P(4)
1	0	1	LOAD	1	0	1	ALU-B	1	0	1	AR
1	1	0	LDAR	1	1	0	PC-B	1	1	0	LDPC

其中 $\mu A5 \sim \mu A0$ 为 6 位的后续微地址,A,B,C 三个译码字段分别由三组译码控制电路译码产生各控制信号。C 字段中的 P(1)~P(4) 是四个测试字位。其功能是根据机器指令及相应微代码进行译码,使微程序转入相应的微地址入口,从而实现微程序的顺序、分支、循环运行,其原理如图 4-5 所示,图中 I7~I2 为指令寄存器的第 7~2 位输出,SE5~SE1 为微控器单元微地址锁存器的强置端输出。AR 为算术运算是否影响进位及判零标志控制位,低电平有效。B 字段中的 RS-B,RD-B,RI-B 分别为源寄存器选通信号、目的寄存器选通信号及变址寄存器选通信号,其功能是根据机器指令来进行三个工作寄存器 R0,R1 及 R2 的选通译码,其原理如图 4-6 所示,图中 I0~I4 为指令寄存器的第 0~4 位,LDRI 为写入工作寄存器信号的译码器使能控制位。

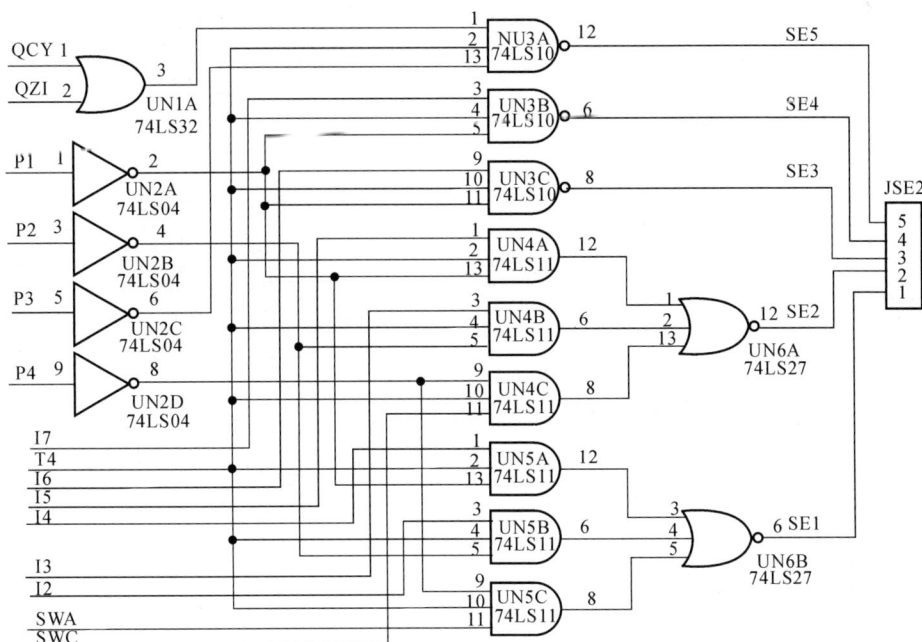

图 4-5　P(1)~P(4)测试字位原理图

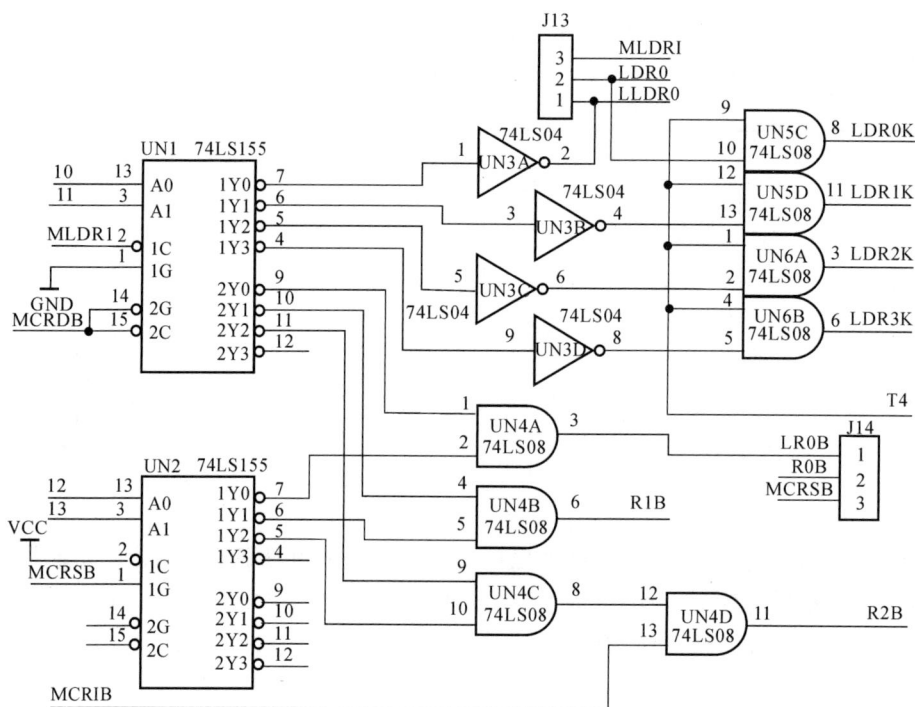

图 4-6 工作寄存器的选通译码原理图

4.2.3 实验步骤

(1)根据机器指令画出对应的微程序流程图,如图 4-7 所示。

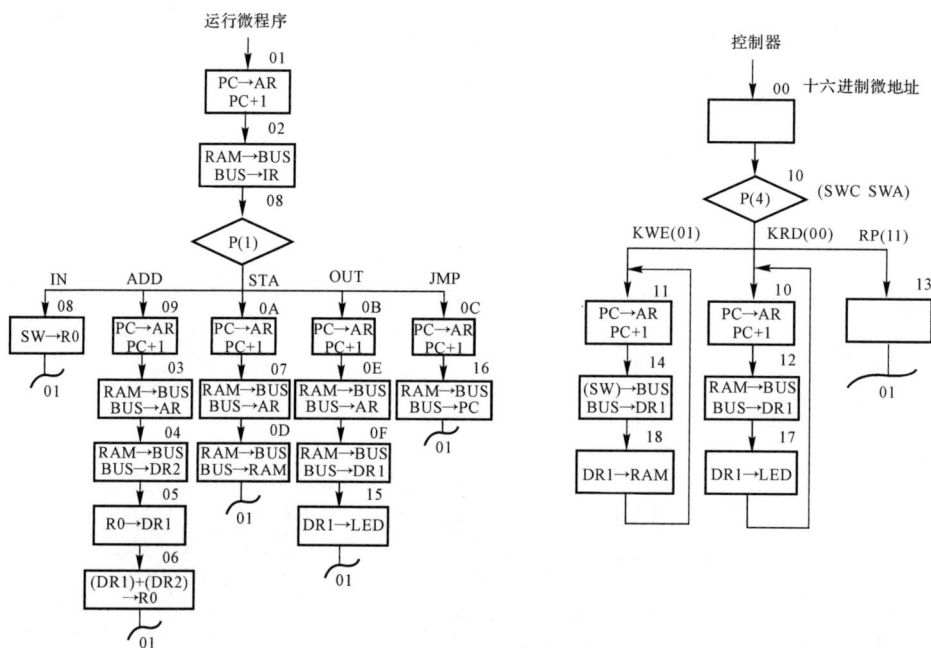

图 4-7 微程序流程图

（2）根据微程序流程图设计微指令，并按微指令格式转换成二进制代码，如表 4 - 2
所示。

表 4 - 2　二进制微代码表

微地址	S3 S2 S1 S0 M CN WE B1 B0	A	B	C	UA5…UA0
0 0	0 0 0 0 0 1 0 1 1	0 0 0	0 0 0	1 0 0	0 1 0 0 0 0
0 1	0 0 0 0 0 1 0 1 1	1 1 0	1 1 0	1 1 0	0 0 0 0 1 0
0 2	0 0 0 0 0 1 0 0 1	1 0 0	0 0 0	0 0 1	0 0 1 0 0 0
0 3	0 0 0 0 0 1 0 0 1	1 1 0	0 0 0	0 0 0	0 0 0 1 0 0
0 4	0 0 0 0 0 1 0 0 1	0 1 1	0 0 0	0 0 0	0 0 0 1 0 1
0 5	0 0 0 0 0 1 0 1 1	0 1 0	0 0 1	0 0 0	0 0 0 1 1 0
0 6	1 0 0 1 0 1 0 1 0	0 0 1	1 0 1	0 0 0	0 0 0 0 0 1
0 7	0 0 0 0 0 1 0 0 1	1 1 0	0 0 0	0 0 0	0 0 1 1 0 1
0 8	0 0 0 0 0 1 0 0 0	0 0 1	0 0 0	0 0 0	0 0 0 0 0 1
0 9	0 0 0 0 0 1 0 1 1	1 1 0	1 1 0	1 1 0	0 0 0 0 1 1
0 A	0 0 0 0 0 1 0 1 1	1 1 0	1 1 0	1 1 0	0 0 0 1 1 1
0 B	0 0 0 0 0 1 0 1 1	1 1 0	1 1 0	1 1 0	0 0 1 1 1 0
0 C	0 0 0 0 0 1 0 1 1	1 1 0	1 1 0	1 1 0	0 1 0 1 1 0
0 D	0 0 0 0 0 1 0 0 1	0 0 0	0 0 0	0 0 1	0 0 0 0 0 1
0 E	0 0 0 0 0 1 0 0 1	1 1 0	0 0 0	0 0 0	0 0 1 1 1 1
0 F	0 0 0 0 0 1 0 0 1	0 1 0	0 0 0	0 0 0	0 1 0 1 0 1
1 0	0 0 0 0 0 1 0 1 1	1 1 0	1 1 0	1 1 0	0 1 0 0 1 0
1 1	0 0 0 0 0 1 0 1 1	1 1 0	1 1 0	1 1 0	0 1 0 1 0 0
1 2	0 0 0 0 0 1 0 0 1	0 1 0	0 0 0	0 0 0	0 1 0 1 1 1
1 3	0 0 0 0 0 1 0 1 1	0 0 0	0 0 0	0 0 0	0 0 0 0 0 1
1 4	0 0 0 0 0 1 0 0 0	0 0 0	0 0 0	0 0 0	0 1 1 0 0 0
1 5	0 0 0 0 0 1 1 1 0	0 0 0	1 0 1	0 0 0	0 0 0 0 0 1
1 6	0 0 0 0 0 1 0 0 1	1 0 1	0 0 0	1 1 0	0 0 0 0 0 1
1 7	0 0 0 0 0 1 1 1 0	0 0 0	1 0 1	0 0 0	0 1 0 0 0 0
1 8	0 0 0 0 0 1 1 0 1	0 0 0	1 0 1	0 0 0	0 1 0 0 0 1

4.2.4　实验接线

实验接线步骤如下：

（1）跳线器 J20,J21 连上短路片。

(2)跳线器 J16 上 SP 连 H23。

(3)UJ1 连 UJ2。

(4)仔细查线无误后接通电源。

4.2.5 观测时序信号

用双踪示波器(或用 PC 示波器功能)观察方波信号源的输出。方法如下：将"运行控制"开关置为"运行"，"运行方式"开关置为"连续"。按"启动运行"开关，从示波器上可观察到 TS1(J20)，TS2(J21)，TS3(J22)，TS4(J23)各点的波形，比较它们的相互关系，画出其波形，并标注测量所得的脉冲宽度，如图 4-8 所示。

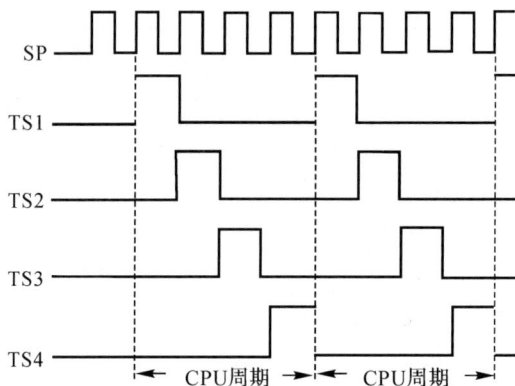

图 4-8 方波信号源的输出波形图

4.2.6 微程序控制器的实验步骤

1.写微程序

(1)将"编程开关"置为"写入"状态。

(2)"运行控制"开关置为"运行"状态，"运行方式"开关置为"单步"状态。

(3)用二进制模拟开关 UA0~UA5 置 6 位微地址，UA0~UA5 的电平由 LK0~LK5 显示，高电平亮，低电平灭。

(4)用二进制模拟开关 MK1~MK24 置 24 位微代码，24 位微代码由 LMD1~LMD24 显示灯显示，高电平亮，低电平灭。

(5)按"启动运行"开关，启动时序电路，即可将微代码写入 E^2 PROM 2816 的相应地址单元中。

(6)重复步骤(3)~(5)，将表 4-2 中的微代码全部写入 E^2 PROM 2816 中。

2.读微程序

(1)将"编程开关"设置为"读出"状态。

(2)"运行控制"开关置为"运行"状态，"运行方式"开关置为"单步"状态。

(3)用二进制模拟开关 UA0~UA5 置 6 位微地址。

(4)按"启动运行"开关，启动时序电路，读出微代码，观察显示灯 LMD1~LMD24 的状态,检查读出的微代码是否与写入的相同,如果不同,则将"编程开关"置为"写入"状态,重新执行步骤 1.即可。

3.单步运行

(1)"编程开关"置于"运行"状态。

(2)"运行控制"开关置为"运行"状态,"运行方式"开关置为"单步"状态。

(3)系统总清,即"总清"开关拨 0→1,使微地址寄存器 U14～U16 清零,从而明确本机的运行入口微地址为 000000(二进制)。

(4)按"启动运行"开关,启动时序电路,则每按动一次,读出一条微指令后停机,此时实验机上的微地址显示灯和微程序显示灯将显示所读出的一条指令。注意:在当前条件下,可将 6 芯排座"JSE1"和"UJ2"相连,通过强置端 SE1～SE6 人为设置微地址,从而改变下一条微指令的地址。设置方法如下:先将微地址开关置"1",再将 UJ1 上的排线换插到"JSE1",然后反向设置微地址,并将"总清"开关拨 0→1,此时微地址灯即显示为所设置时微地址,拔下排线"JSE1"端即可开始强置微程序的分支运行。

4.连续运行

(1)将"编程开关"置为"运行"状态。

(2)"运行控制"开关置为"运行"状态,"运行方式"开关置为"连续"状态。

(3)系统总清,即"总清"开关拨 0→1.使微地址寄存器 U14～U16 清零,从而明确本机的运行入口微地址为 000000(二进制)。

(4)按"启动运行"开关,启动时序电路,则可连续读出微指令。

4.2.7　实验思考题

(1)实验中微控制存储器是多少位? 在实验箱掉电再开启后,微控制存储器中的数据是否会改变?

(2)实验中的微命令寄存器是多少位? 微地址寄存器是多少位?

(3)实验中的微指令长度是多少位?

(4)每条机器指令执行的公共微指令是什么?

实验五 基本模型机的设计与实现

5.1 实验目的

(1)在掌握部件单元电路实验的基础上,进一步将其组成系统以构造一台基本模型实验计算机。

(2)设计五条机器指令,编写相应的微程序,并上机调试,掌握整机软、硬件组成概念。

5.2 实验内容

5.2.1 实验原理

1.中央处理器(CPU)的组成及功能

中央处理器(CPU)是计算机系统的核心组成部件,包括控制器和运算器两大部分。它能完成的基本功能是读取并执行指令。

中央处理器(CPU)有如下功能:

(1)指令控制:控制指令按一定顺序执行。

(2)操作控制:控制其他功能部件按指令要求进行操作。

(3)时间控制:整个计算机系统程序的执行及各种操作实施都在严格的时间控制下有条不紊地自动工作。

(4)数据加工:对数据进行各种运算。

2.中央处理器(CPU)各部件的功能

算术逻辑单元(ALU)完成数据的实际计算或处理,控制器控制数据和指令移入/移出CPU并控制ALU的操作,寄存器用于CPU暂存数据和指令。

3.指令周期

CPU从主存中取出一条指令到执行完这条指令的所有操作所需要的时间通常称为一个指令周期,一个指令周期通常又由若干个CPU周期组成,CPU周期也称为机器周期,而一个CPU周期又由若干个时钟周期组成,时钟周期是计算机中的最小处理单位。

4.指令系统

计算机的工作基本上体现为执行指令。一台计算机所能执行的全部指令的集合,称为该计算机的指令系统。计算机的性能与指令系统有很大的关系,指令系统不仅与计算机的硬件结构密切相关,而且直接关系到用户的使用和编译程序的编制及运行效率。

5.一个完善的指令系统应满足的要求

一个完善的指令系统应满足如下四方面的要求:

(1)完备性:要求指令系统丰富,功能齐全完备,使用方便。

(2)有效性:利用该指令系统所编写的程序能高效率地运行,主要表现为程序占用存储空间小,执行速度快。

(3)规整性:包括指令系统的对称性、规整性,指令格式和数据格式的一致性。

(4)兼容性:包括对不同机型的基本指令兼容性和对同一系列机型的向上兼容性。

6.指令格式

指令是由二进制代码表示的,为了能够表示不同的要素,可将指令分成不同的字段。

指令格式通常指的是计算机指令在内存中的表示方式,它定义了指令的结构,包括操作码(Opcode)、寄存器或内存地址、立即数等部分。不同的计算机体系结构和指令集架构(Instruction Set Architecture,ISA)有不同的指令格式。

部件实验过程中,各部件单元的控制信号是人为模拟产生的,而本次实验将能在微程序控制下自动产生各部件单元控制信号,实现特定指令的功能。这里,实验计算机数据通路的控制将由微程序控制器来完成,CPU从内存中取出一条机器指令到指令执行结束的一个指令周期全部由微指令组成的序列来完成,即一条机器指令对应一个微程序。

7.微程序控制器

有关微程序控制器部分在前面实验中已详细介绍。

8.主存储器的读、写和运行

为了向主存储器 RAM 中写入程序,检查写入的程序是否正确,并且能够运行主存储器中的程序,必须设计三个控制操作微程序。

(1)存储器读操作:拨动总清开关后,置控制开关 SWC,SWA 为"00"时,按要求连线后,连续按"启动运行"开关,可对主存储器 RAM 进行连续手动读操作。

(2)存储器写操作:拨动总清开关后,置控制开关 SWC,SWA 为"01"时,按要求连线后,再按"启动运行"开关,可对主存储器 RAM 进行连续手动写操作。

(3)运行程序:拨动总清开关后,置控制开关 SWC,SWA 为"11"时,按要求连线后,再按"启动运行"开关,即可转入第 01 号"取址"微指令,启动程序运行。

上述三条控制指令用两个开关 SWC,SWA 的状态来设置,其定义如表 5-1 所示。

表 5-1 控制台指令状态设置表

SWC	SWA	控制台指令
0	0	读内存
0	1	写内存
1	1	启动程序

9.指令寄存器介绍

指令寄存器用来保存当前正在执行的一条指令。在执行一条指令时,先把它从内存储器取到缓冲寄存器中,然后再传送到指令寄存器。指令划分为操作码和地址码字段,由二进制代码构成,为了执行任何一条给定的指令,必须对操作码进行测试 P(1),通过节拍脉冲 T4 的控制以便识别所要求的操作。"指令译码器"根据指令中的操作码进行译码,强置微控器单元的微地址,使下一条微指令指向相应的微程序首地址。

10.输入/输出设备

本系统有两种外部 I/O 设备,一种是二进制代码开关 KD7~KD0,它作为输入设备 INPUT;另一种是数码显示块,它作为输出设备 OUTPUT。例如:输入时,二进制开关数据直接经过三态门送到外部数据总线上,只要开关状态不变,输入的信息也不变。输出时,将输出数据送到外部数据总线上,当写信号(W/R)有效时,将数据写入输出锁存器,驱动数码块显示。

11.设计指令

根据基本模型机的硬件设计五条机器指令:外设输入指令 IN、二进制加法指令 ADD、存数指令 STA、输出到外设指令 OUT、无条件转移指令 JMP。指令格式见表 5-2。

表 5-2　机器指令对照表

助记符	机器指令码	说　明
IN	0000　0000　　　　;	"外部开关量输入"KD7~KD0 的开关状态→R0
ADD　addr	0001　0000　××××　××××;	R0+[addr]→R0
STA　addr	0010　0000　××××　××××;	R0→[addr]
OUT　addr	0011　0000　××××　××××;	[addr]→BUS
JMP　addr	0100　0000　××××　××××;	[addr]→PC

说明:

指令 IN 为单字节指令,其余均为双字节指令,×××× ×××× 为 addr 对应的主存储器二进制地址码。

12.基本模型机监控软件的设计

本模型机监控软件主要完成从输入设备读入数据,进行简单算术运算后,将结果存入内存的某个单元,最后通过输出设备输出结果。

监控程序见表 5-3。

表 5-3　监控程序对照表

地　址	内　容	助记符	说　明
0000　0000	0000　0000	IN	;　"INPUT　DEVICE"→R0
0000　0001	0001　0000	ADD [0AH]	;　R0+[0AH]→R0
0000　0010	0000　1010		
0000　0011	0010　0000	STA [0BH]	;　R0→[0BH]
0000　0100	0000　1011		

续 表

地　　址	内　　容	助 记 符	说　　　　明
0000 0101	0011 0000	OUT [0BH]	；[0BH]→BUS
0000 0110	0000 1011		
0000 0111	0100 0000	JMP [00H]	；00H→PC
0000 1000	0000 0001		
0000 1001			
0000 1010	0000 0001		；自定义参加运算的数
0000 1011			；求和结果存放单元

5.2.2　实验步骤

本实验的步骤如下：

(1)根据实验原理设计数据通路框图，如图5-1所示。

(2)根据机器指令画出对应的微程序流程图。

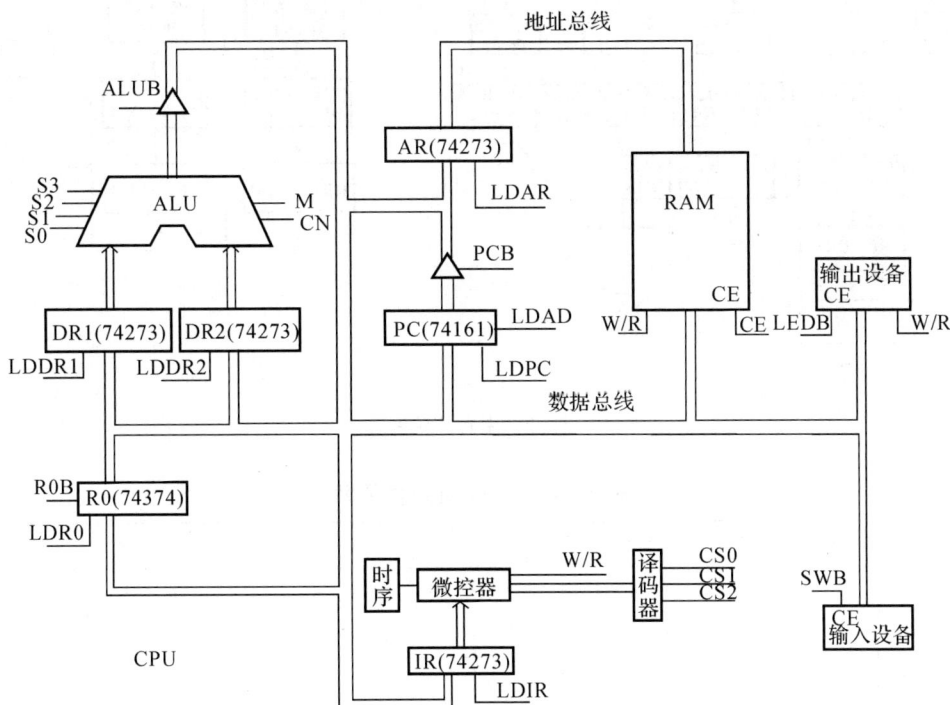

图5-1　数据通路框图

本实验的微程序流程如图5-2所示，在拟定"取指"微指令时，该微指令的判别测试字段为P(1)测试。因为"取指"微指令是所有微程序都使用的公用微指令，所以P(1)的测试结果出现多路分支。本机用指令寄存器的前4位I7～I4作为测试条件，出现5路分支，占用5个固定微地址单元。

实验机控制操作为 P(4)测试,它以控制开关 SWC 和 SWA 作为测试条件,出现了 3 路分支,占用 3 个固定微地址单元。在分支微地址单元固定后,剩下的其他地方就可用一条微指令占用微控存储器一个微地址单元来随意填写。

注意:微程序流程图上的单元地址为十六进制形式。

(3)根据微程序流程图设计微指令并转换成十六进制代码文件。

在全部微程序设计完毕后,应将每条微指令代码化,即按微指令格式将图 5 - 2 所示的微程序流程图转化成二进制微代码表,如表 5 - 4 所示,再转换成十六进制代码文件。

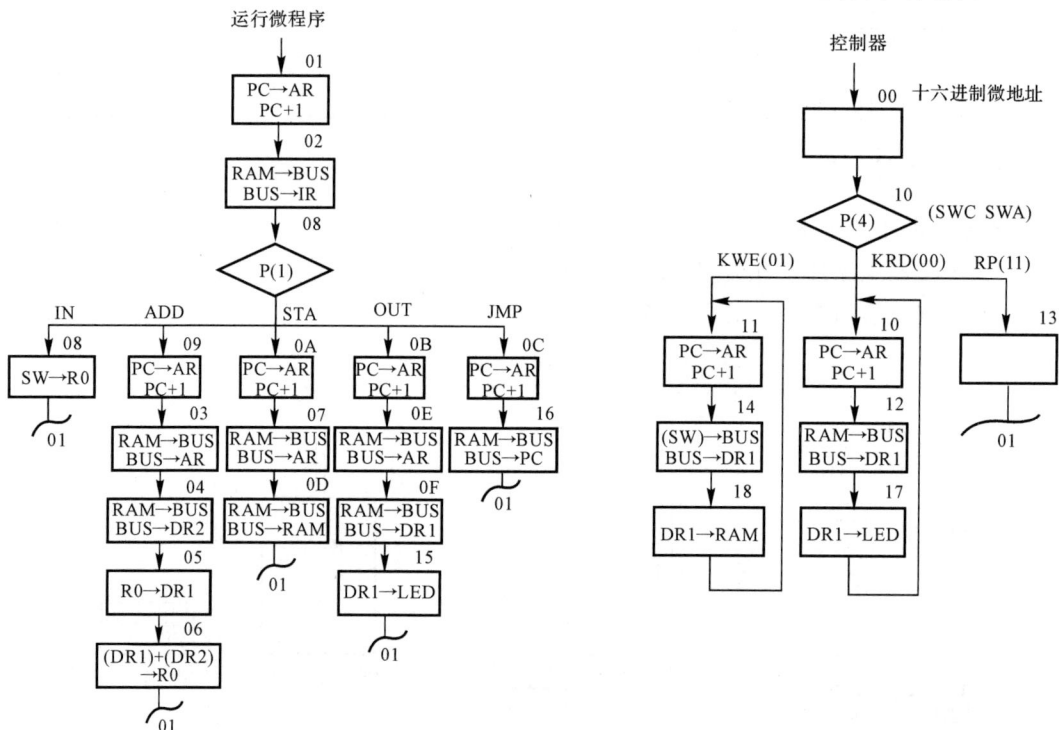

图 5 - 2　微程序流程图

表 5 - 4　二进制微代码表

微地址	S3 S2 S1 S0 M CN WE B1 B0	A	B	C	$\mu A5 \cdots \mu A0$
0　0	0　0　0　0　0　1　0　1　1	0　0　0	0　0　0	1　0　0	0　1　0　0　0　0
0　1	0　0　0　0　0　1　0　1　1	1　1　0	1　1　0	1　1　0	0　0　0　0　1　0
0　2	0　0　0　0　0　1　0　0　1	1　0　0	0　0　0	0　0　1	0　0　1　0　0　0
0　3	0　0　0　0　0　1　0　0　1	1　1　0	0　0　0	0　0　0	0　0　0　1　0　0
0　4	0　0　0　0　0　1　0　0　1	0　1　1	0　0　0	0　0　0	0　0　0　1　0　1
0　5	0　0　0　0　0　1　0　0　1	0　1　0	0　1　0	0　0　0	0　0　0　1　1　0
0　6	1　0　0　1　0　1　0　1　1	0　0　1	1　0　1	1　0　0	0　0　0　0　0　1
0　7	0　0　0　0　0　1　0　0　1	1　1　0	0　0　0	0　0　0	0　0　1　1　0　1

续表

微地址	S3 S2 S1 S0 M CN WE B1 B0	A	B	C	μA5 ⋯ μA0
0 8	0 0 0 0 0 1 0 0 0	0 0 1	0 0 0	0 0 0	0 0 0 0 0 1
0 9	0 0 0 0 0 1 0 1 1	1 1 0	1 1 0	1 1 0	0 0 0 0 1 1
0 A	0 0 0 0 0 1 0 1 1	1 1 0	1 1 0	1 1 0	0 0 0 1 1 1
0 B	0 0 0 0 0 1 0 1 1	1 1 0	1 1 0	1 1 0	0 0 1 1 1 0
0 C	0 0 0 0 0 1 0 1 1	1 1 0	1 1 0	1 1 0	0 1 0 1 1 0
0 D	0 0 0 0 0 1 0 0 1	0 0 0	0 0 1	0 0 0	0 0 0 0 0 1
0 E	0 0 0 0 0 1 0 0 1	1 1 0	0 0 0	0 0 0	0 0 1 1 1 1
0 F	0 0 0 0 0 1 0 0 1	0 1 0	0 0 0	0 0 0	0 1 0 1 0 1
1 0	0 0 0 0 0 1 0 1 1	1 1 0	1 1 0	1 1 0	0 1 0 0 1 0
1 1	0 0 0 0 0 1 0 1 1	1 1 0	1 1 0	1 1 0	0 1 0 1 0 0
1 2	0 0 0 0 0 1 0 0 1	0 1 0	0 0 0	0 0 0	0 1 0 1 1 1
1 3	0 0 0 0 0 1 0 1 1	0 0 0	0 0 0	0 0 0	0 0 0 0 0 1
1 4	0 0 0 0 0 1 0 0 0	0 1 0	0 0 0	0 0 0	0 1 1 0 0 0
1 5	0 0 0 0 0 1 1 1 0	0 0 0	1 0 1	0 0 0	0 0 0 0 0 1
1 6	0 0 0 0 0 1 0 0 1	1 0 1	0 0 0	1 1 0	0 0 0 0 0 1
1 7	0 0 0 0 0 1 1 1 0	0 0 0	1 0 1	0 0 0	0 1 0 0 0 0
1 8	0 0 0 0 0 1 1 0 1	0 0 0	1 0 1	0 0 0	0 1 0 0 0 1

监控程序的十六进制格式文件(文件名 C8JHE1),具体程序如下:

程序:

$ P00   00
$ P01   10
$ P02   0A
$ P03   20
$ P04   0B
$ P05   30
$ P06   0B
$ P07   40
$ P08   00
$ P0A   01

微程序:

$ M00   108105
$ M01   82ED05
$ M02   48C004
$ M03   04E004

$ M04   05B004

$ M05   06A205

$ M06   019A95

$ M07   0DE004

$ M08   011004

$ M09   83ED05

$ M0A   87ED05

$ M0B   8EED05

$ M0C   96ED05

$ M0D   018206

$ M0E   0FE004

$ M0F   15A004

$ M10   92ED05

$ M11   94ED05

$ M12   17A004

$ M13   018005

$ M14   182004

$ M15   010A07

$ M16   81D104

$ M17   100A07

$ M18   118A06

(4)实验接线。

1)跳线器 J1～J12 全部拨在右边（自动工作方式）。

2)跳线器 J16,J18,J23,J24 全部拨在左边。

3)跳线器 J13～J15,J19,J25 拨在右边。

4)跳线器 J20～J22,J26,J27 连上短路片。

5)UJ1 连 UJ2,JSE1 连 JSE2,SJ1 连 SJ2。

6)MBUS 连 BUS2。

7)REGBUS 连 BUS5。

8)PCBUS 连 EXJ2。

9)ALUBUS 连 EXJ3。

10)ALUO1 连 BUS1。

11)EXJ1 连 BUS3。

(5)读写程序。

1)手动方法写微程序参看实验四。手动方法写代码程序（机器指令）步骤如下：

通过上一步将机器指令对应的微代码正确地写入 E^2ROM 2816 芯片后，再进行机器指令程序的装入和检查。

A. 将"编程"开关置"运行"位置，"运行控制"开关置"运行"位置，"运行方式"开关置"单步"位置。

　　B. 拨动总清开关(0→1),微地址寄存器清零,程序计数器清零。然后使控制开关SWC和SWA置为"01",按动一次"启动运行"开关,微地址显示灯LμA0～LμA5显示"010001",再按动一次"启动运行"开关,微地址显示灯LμA0～LμA5显示"010100",此时数据开关的内容置为要写入的机器指令,再按动一次"启动运行"开关,即完成该条指令的写入。仔细阅读微程序流程,不难发现,机器指令的首地址只要第一次给出即可,PC会自动加1,因此,每次按"启动运行"开关,只有在微地址灯显示"010100"时,才设置内容,直到所有机器指令写完。

　　C. 写完程序后须进行检验。拨动总清开关(0→1)后,微地址清零,PC程序计数器清零,然后使控制开关SWC和SWA为"00",按"启动运行"开关,微地址灯将显示"010000",再按"启动运行"开关,微地址灯显示为"010010",第三次按"启动运行"开关,微地址灯显示为"010111",此时总线数据显示灯LZD0～LZD7显示为该首地址的内容,再按动一次"启动运行"开关,微地址灯显示为"010000",二位数码管即显示RAM中的程序。不断按动"启动运行"开关,可检查后续单元内容。

　　注意:每次仅在微地址灯显示为"010000"时,二位数码管显示的内容才是相应地址中的机器指令内容。

　　2)联机读写微程序和机器指令。用联机软件的装载功能将十六进制格式文件(文件名为C8JHE1)装入实验系统即可。详细操作如下:

　　A. 打开并运行DVCC组成调试软件。

　　B. 选择"调试→装载源程序",在文件装载对话框中选择"C:\DVCCZC\C8JHE1"文件即可将计算机中的十六进制文件中的机器程序装入实验箱中的内存,微程序装入实验箱中的微控制存储器中。

　　(6)运行程序。

　　1)单步运行程序。

　　A."编程开关"置为"运行"状态,"运行方式"开关置为"单步"状态,"运行控制"开关置为"运行"状态。

　　B. 拨动总清开关(0→1),微地址清零,PC计数器清零,程序首地址为00H。

　　C. 按"启动运行"开关,即单步运行一条微指令。对照微程序流程图,观察微地址显示灯是否和流程一致。

　　2)连续运行程序。

　　A."编程开关"置"运行"状态,"运行方式"开关置为"连续"状态,"运行控制"开关置为"运行"状态。

　　B.拨动总清开关,清微地址及PC计数器,按"启动运行"开关,系统连续运行程序。如果要停止程序的运行,只需将"运行控制"开关置为"停止"状态,系统就停机。

　　C.停机后,可检查存数单元0BH中的结果是否正确。

5.2.3　实验思考题

　　(1)机器指令存储在何处? 何为单字节指令? 何为双字节指令?

　　(2)微指令存储在何处?

　　(3)写出实验中机器指令码为0001 0000 ×××× ××××(其中×××× ××××为十六进制地址)的微指令执行顺序。

实验六 带移位运算的模型机的设计与实现

6.1 实 验 目 的

(1)熟悉用微程序控制器控制模型机的数据通路。
(2)学习设计与调试计算机的基本步骤及方法。

6.2 实 验 内 容

6.2.1 实验原理

本实验在实验五基本模型机的基础上增加移位控制电路,实现移位控制运算。本实验数据通路图如图 6-1 所示。

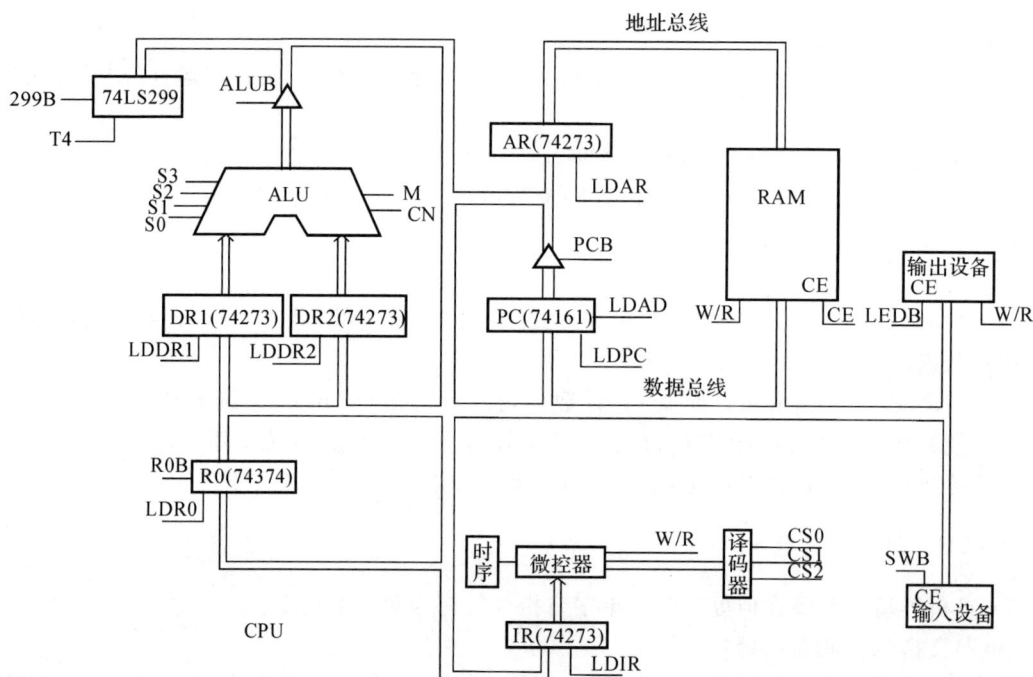

图 6-1 数据通路图

(1)实验机系统中增加设计 4 条移位运算指令。

1)左环移 RL。

2)带进位左环移 RLC。

3)右环移 RR。

4)带进位右环移 RRC。

指令格式如下：

助记符	操作码
RR	01010000
RRC	01100000
RL	01110000
RLC	10000000

说明：

· 以上 4 条指令都为单字节指令。

· RR 是将 R0 寄存器的内容循环右移一位。

· RRC 是将 R0 寄存器的内容带进位循环右移一位,它将 R0 寄存器最低位移入进位位,同时将进位位移至 R0 寄存器的最高位。

· RL 是将 R0 寄存器中的数据循环左移一位。

· RLC 是将 R0 寄存器中的数据带进位循环左移一位。

(2)带移位运算的模型机监控程序的设计。本模型机监控软件主要完成从输入设备读入数据,进行算术运算、移位运算后,将结果存入内存的某个单元,最后通过输出设备输出结果。

监控软件详细见表 6-1。

表 6-1 带移位运算时模型机监控程序对照表

地址	内容	助记符	说　明
00000000	00000000	IN	；"输入开关量"→R0
00000001	00010000	ADD [0DH]	； R0 [0DH]→R0
00000010	00001101		
00000011	10000000	RLC	
00000100	00000000	IN	；"输入开关量"→R0
00000101	01100000	RRC	
00000110	01110000	RL	
00000111	00100000	STA [0EH]	
00001000	00001110		； R0→[0EH]
00001001	00110000	OUT [0EH]	
00001010	00001110		； [0EH]→BUS
00001011	01000000	JMP00H	； 00H→PC
00001100	00000000		
00001101	01000000		； 自定义数据

续表

地址	内容	助记符	说　明
00001110			；结果存放单元

(3)根据机器指令设计微程序流程图,如图6-2所示。

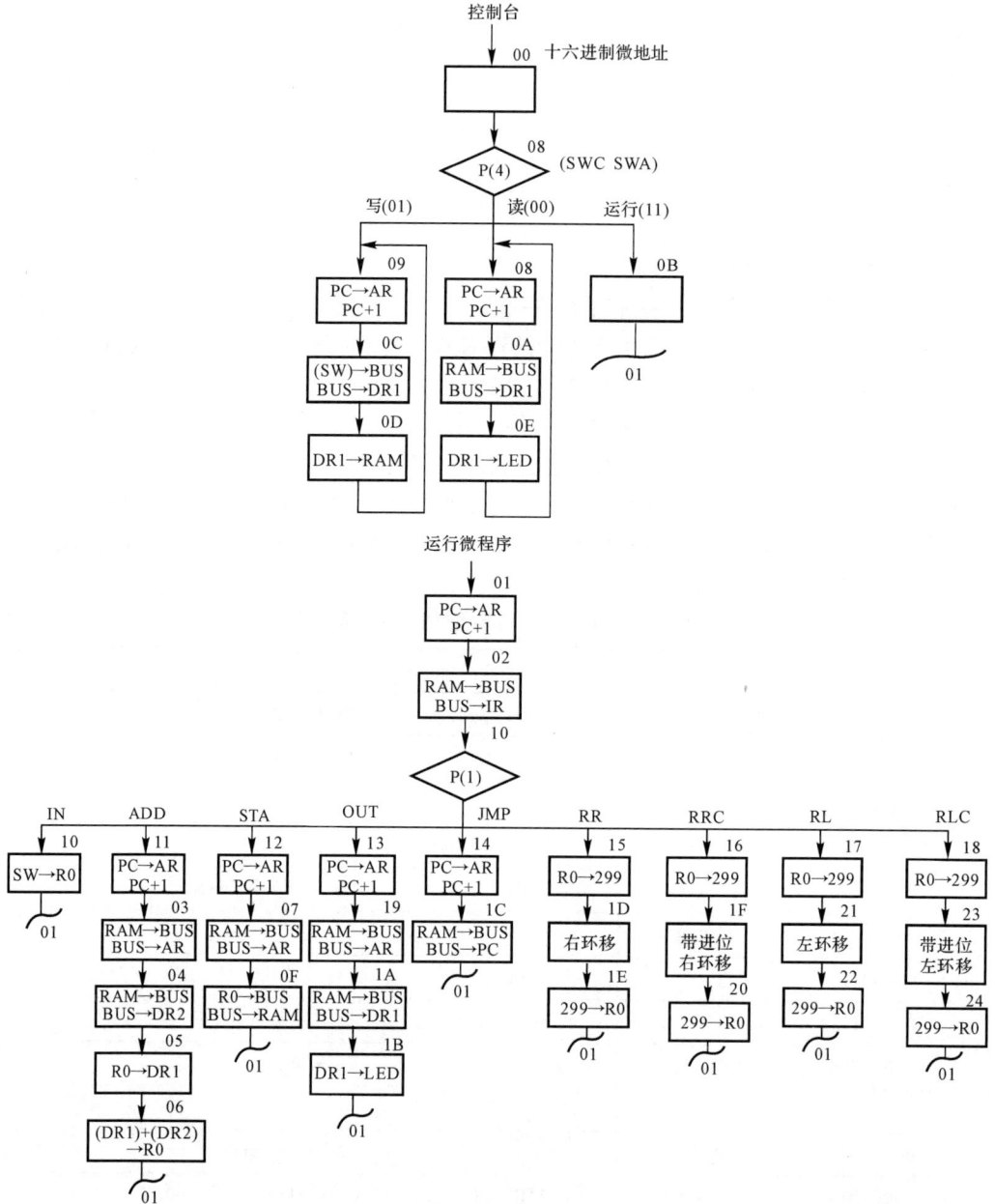

图6-2　微程序流程图

（4）根据微程序流程图设计微程序并转化成十六进制文件格式（文件名为 C8JHE2），具体程序如下：

程序：

$ P00　00

$ P01　10

$ P02　0D

$ P03　80

$ P04　00

$ P05　60

$ P06　70

$ P07　20

$ P08　0E

$ P09　30

$ P0A　0E

$ P0B　40

$ P0C　00

$ P0D　40

微程序：

$ M00　088105

$ M01　82ED05

$ M02　50C004

$ M03　04E004

$ M04　05B004

$ M05　06A205

$ M06　019A95

$ M07　0FE004

$ M08　8AED05

$ M09　8CED05

$ M0A　0EA004

$ M0B　018005

$ M0C　0D2004

$ M0D　098A06

$ M0E　080A07

$ M0F　018206

$ M10　011004

$ M11　83ED05

$ M12　87ED05

$M13   99ED05

$M14   9CED05

$M15   1D8235

$M16   1F8235

$M17   218235

$M18   238235

$M19   1AE004

$M1A   1BA004

$M1B   010A07

$M1C   81D104

$M1D   1E8825

$M1E   019805

$M1F   20882D

$M20   019805

$M21   228815

$M22   019805

$M23   24881D

$M24   019805

6.2.2 实验步骤

1.实验接线

在实验五的基础上,将 ALUO2 连 BUS4,前(1)~(11)接线方式同实验五,详细如下:

(1)跳线器 J1~J12 全部拨在右边(自动工作方式);

(2)跳线器 J16,J18,J23,J24 全部拨在左边;

(3)跳线器 J13~J15,J19,J25 全部拨在右边;

(4)跳线器 J20~J22,J26,J27 连上短路片;

(5)UJ1 连 UJ2,JSE1 连 JSE2,SJ1 连 SJ2;

(6)MBUS 连 BUS2;

(7)REGBUS 连 BUS5;

(8)PCBUS 连 EXJ2;

(9)ALUBUS 连 EXJ3;

(10)ALUO1 连 BUS1;

(11)EXJ1 连 BUS3;

(12)ALUO2 连 BUS4。

2.接通电源

仔细查线无误后接通电源。

3.读/写微程序和程序

(1)手动方法写微程序参看实验四。

手动方法写代码程序(机器指令)的步骤如下:

1)将"编程开关"置"运行"位置,"运行方式"开关置"单步"位置。

2)拨动总清开关(0→1),微地址寄存器清零,程序计数器清零。然后使控制开关 SWC 和 SWA 置为"01",按动一次"启动运行"开关,微地址显示灯 LμA0～LμA5 显示为"001001",再按动一次"启动运行"开关,微地址显示灯 LμA0～LμA5 显示为"001100",此时数据开关的内容置为要写入的机器指令,再按动一次"启动运行"开关,即完成该条指令的写入。若仔细阅读微程序流程,就不难发现,机器指令的首地址只要第一次给入即可,PC 会自动加1,因此,每次按动"启动运行"开关,只有在微地址灯显示"001100"时,才设置内容,直到所有机器指令写完。

3)写完程序后须进行检验。拨动总清开关(0→1)后,微地址清零,PC 程序计数器清零,然后使控制开关 SWC 和 SWA 为"00",按"启动运行"开关,微地址灯将显示为"001000",再按"启动运行"开关,微地址灯显示为"001010",再按动"启动运行"开关,微地址灯显示为"001110",此时总线数据显示灯 LZD0～LZD7 显示为该首地址的内容,再按动一次"启动运行"开关,微地址灯显示为"010000",二位数码管即显示 RAM 中的程序。不断按动"启动运行"开关,可检查后续单元内容。

注意:每次仅在微地址灯显示为"010000"时,二位数码管显示的内容才是相应地址中的机器指令内容。

(2)联机读/写微程序和程序。

用联机软件的装载功能将十六进制格式文件(文件名为 C8JHE2)装入实验机即可。具体操作步骤如下:

1)打开并运行 DVCC 组成调试软件。

2)选择"调试→装载源程序",在文件打开对话框中选择"C:\DVCCZC\C8JHE2"文件,即可将十六进制文件中的机器程序装入实验箱中的内存,并将微程序装入微控制存储器中。

4.运行程序

(1)单步运行程序。

1)"编程开关"置为"运行"状态,"运行方式"开关置为"单步"状态,"运行控制"开关置为"运行"状态。

2)拨动总清开关(0→1),微地址寄存器清零,PC 计数器清零,程序首地址为00H。

3)按"启动运行"开关,即单步运行一条微指令。对照微程序流程图,观察微地址显示灯是否和流程一致。

(2)连续运行程序。

1)"编程开关"置为"运行"状态,"运行方式"开关置为"连续"状态,"运行控制"开关置为"运行"状态。

2)拨动总清开关,清微地址及 PC 计数器,按"启动运行"开关,系统连续运行程序。如果要停止程序的运行,只需要将"运行控制"开关置为"停止"状态,系统就停机。

3)本实验的运行结果最终显示在输出设备二位数码管上。

二进制微代码表如表6-2所示。

表 6-2 二进制微代码表

微地址	S3 S2 S1 S0 M CN WE B1 B0	A	B	C	μA5 ··· μA0
0 0	0 0 0 0 0 1 0 1 1	0 0 0	0 0 0	1 0 0	0 0 1 0 0 0
0 1	0 0 0 0 0 1 0 1 1	1 1 0	1 1 0	1 1 0	0 0 0 0 1 0
0 2	0 0 0 0 0 1 0 0 1	1 0 0	0 0 0	0 0 1	0 1 0 0 0 0
0 3	0 0 0 0 0 1 0 0 1	1 1 0	0 0 0	0 0 0	0 0 0 1 0 0
0 4	0 0 0 0 0 1 0 0 1	0 1 1	0 0 0	0 0 0	0 0 0 1 0 1
0 5	0 0 0 0 0 1 0 1 1	0 1 0	0 0 1	0 0 0	0 0 0 1 1 0
0 6	1 0 0 1 0 1 0 1 1	0 0 1	1 0 1	0 0 0	0 0 0 0 0 1
0 7	0 0 0 0 0 1 0 0 1	1 1 0	0 0 0	0 0 0	0 0 1 1 1 1
0 8	0 0 0 0 0 1 0 1 1	1 1 0	1 1 0	1 1 0	0 0 1 0 1 0
0 9	0 0 0 0 0 1 0 1 1	1 1 0	1 1 0	1 1 0	0 0 1 1 0 0
0 A	0 0 0 0 0 1 0 0 1	0 1 0	0 0 0	0 0 0	0 0 1 1 1 0
0 B	0 0 0 0 0 1 0 1 1	0 0 0	0 0 0	0 0 0	0 0 0 0 0 1
0 C	0 0 0 0 0 1 0 0 0	0 1 0	0 0 0	0 0 0	0 0 1 1 0 1
0 D	0 0 0 0 0 1 1 0 1	0 0 0	1 0 1	0 0 0	0 0 1 0 0 1
0 E	0 0 0 0 0 1 1 1 0	0 0 0	1 0 1	0 0 0	0 0 1 0 0 0
0 F	0 0 0 0 0 1 1 0 1	0 0 0	0 0 0	0 0 0	0 0 0 0 0 1
1 0	0 0 0 0 0 1 0 0 0	0 0 1	0 0 0	0 0 0	0 0 0 0 0 1
1 1	0 0 0 0 0 1 0 1 1	1 1 0	1 1 0	1 1 0	0 0 0 0 1 1
1 2	0 0 0 0 0 1 0 1 1	1 1 0	1 1 0	1 1 0	0 0 0 1 1 1
1 3	0 0 0 0 0 1 0 1 1	1 1 0	1 1 0	1 1 0	0 1 1 0 0 1
1 4	0 0 0 0 0 1 0 1 1	1 1 0	1 1 0	1 1 0	0 1 1 1 0 0
1 5	0 0 1 1 0 1 0 1 1	0 0 0	0 0 1	0 0 0	0 1 1 1 0 1
1 6	0 0 1 1 0 1 0 1 1	0 0 0	0 0 1	0 0 0	0 1 1 1 1 1
1 7	0 0 1 1 0 1 0 1 1	0 0 0	0 0 1	0 0 0	1 0 0 0 0 1
1 8	0 0 1 1 0 1 0 1 1	0 0 0	0 0 1	0 0 0	1 0 0 0 1 1
1 9	0 0 0 0 0 1 0 0 1	1 1 0	0 0 0	0 0 0	0 1 1 0 1 0
1 A	0 0 0 0 0 1 1 1 1	0 1 0	0 0 0	0 0 0	0 1 1 0 1 1
1 B	0 0 0 0 0 1 1 1 0	0 0 0	1 0 1	0 0 0	0 0 0 0 0 1

续表

微地址	S3 S2 S1 S0 M CN WE B1 B0	A	B	C	μA5 … μA0
1 C	0 0 0 0 0 1 0 0 1	1 0 1	0 0 0	1 1 0	0 0 0 0 0 1
1 D	0 0 1 0 0 1 0 1 1	0 0 0	1 0 0	0 0 0	0 1 1 1 1 0
1 E	0 0 0 0 0 1 0 1 1	0 0 1	1 0 0	0 0 0	0 0 0 0 0 1
1 F	0 0 1 0 1 1 0 1 1	0 0 0	1 0 0	0 0 0	1 0 0 0 0 0
2 0	0 0 0 0 0 1 0 1 1	0 0 1	1 0 0	0 0 0	0 0 0 0 0 1
2 1	0 0 0 1 0 1 0 1 1	0 0 0	1 0 0	0 0 0	1 0 0 0 1 0
2 2	0 0 0 0 0 1 0 1 1	0 0 1	1 0 0	0 0 0	0 0 0 0 0 1
2 3	0 0 0 1 1 1 0 1 1	0 0 0	1 0 0	0 0 0	1 0 0 1 0 0
2 4	0 0 0 0 0 1 0 1 1	0 0 1	1 0 0	0 0 0	0 0 0 0 0 1

6.2.3　实验思考题

(1)写出实验中机器指令码为 01100000 的微指令执行顺序。

(2)写出实验中带进位左环移 RLC 的微指令执行顺序。

实验七　复杂模型机的设计与实现

7.1　实　验　目　的

综合运用所学的计算机原理知识,设计并实现较为完整的计算机。

7.2　数据格式及指令系统

7.2.1　数据格式

模型机规定采用定点补码表示法表示数据,且字长为 8 位,其格式如下:

7	6 5 4 3 2 1 0
符号	尾数

其中,第 7 位为符号位,数值表示范围是[−1,1]。

7.2.2　指令格式

模型机设计四大类指令共 16 条,其中包括算术逻辑指令、I/O 指令、存数指令、取数指令、转移指令和停机指令。

1.算术逻辑指令

设计 9 条算术逻辑指令并用单字节表示,寻址方式采用寄存器直接寻址,其格式如下:

7 6 5 4	3 2	1 0
OP – CODE	RS	RD

其中,OP – CODE 为操作码,RS 为源寄存器,RD 为目的寄存器,并作如下规定:

RS 或 RD	选定的寄存器
00	R0
01	R1
10	R2

9 条算术逻辑指令的名称、功能具体如表 7 - 1 所示。

2.访问指令及转移指令

模型机设计 2 条访问指令,即存数 STA、取数 LDA;2 条转移指令,即无条件转移 JMP、有进位转移 BZC。指令格式如下:

7　6	5　4	3　2	1　0
0　0	M	OP - CODE	RD
D			

其中,OP - CODE 为操作码,RD 为目的寄存器地址(使用 LDA,STA 指令),D 为位移量(正负均可),M 为寻址模式,其定义如下:

寻址模式 M	有效地址 E	说　明
00	E＝D	直接寻址
01	E＝(D)	间接寻址
10	E＝(RI)＋D	RI 变址寻址
11	E＝(PC)＋D	相对寻址

本模型机规定变址 RI 指定为寄存器 R2。

3.I/O 指令

输入 IN 和输出 OUT 指令采用单字节指令,其格式如下:

7　6　5　4	3　2	1　0
OP - CODE	addr	RD

其中,当 addr＝01 时,选中输入数据开关组 KD7～KD0 作为输入设备,当 addr＝10 时,选中二位数码管作为输出设备。

4.停机指令

HALT 指令,用于实现停机操作,指令格式如下:

7　6　5　4	3　2	1　0
OP - CODE	0　0	0　0

7.2.3　指令系统

本模型机共有 16 条基本指令,其中算术逻辑指令 9 条,访问内存指令和程序控制指令 4 条,输入/输出指令 2 条,其他指令 1 条。表 7 - 1 列出了各条指令的格式、汇编符号、指令功能。

表 7 - 1 指令系统表

指令类型	汇编符号	指令格式	功 能
算术指令	CLR rd	0111 | 00 | rd	0→rd
	MOV rs，rd	1000 | rs | rd	rs→rd
	ADC rs，rd	1001 | rs | rd	rs＋rd＋cy→rd
	SBC rs，rd	1010 | rs | rd	rs－rd－cy→rd
逻辑指令	INC rd	1011 | rd | rd	rd＋1→rd
	AND rs，rd	1100 | rs | rd	rs∧rd→rd
	COM rd	1101 | rd | rd	$\overline{rd}$→rd
	RRC rs，rd	1110 | rs | rd	┌─→ cy → rs ─┐ rs→rd
	RLC rs，rd	1111 | rs | rd	┌ cy ← rs ←─┐ rs→rd
访问内存和程序控制指令	LDA M，D，rd	00 | M | 00 | rd ; D	E→rd
	STA M，D，rd	00 | M | 01 | rd ; D	rd→E
	JMP M，D	00 | M | 10 | rd ; D	E→PC
	BZC M，D	00 | M | 11 | rd ; D	当 CY＝1 时，E→PC
输入/输出指令	IN addr，rd	0100 | 01 | rd	addr→rd
	OUT addr，rd	0101 | 10 | rd	rd→addr
其他指令	HALT	0110 | 00 | 00	停机

7.3 总 体 设 计

复杂模型机的数据通路框图如图 7－1 所示。根据复杂模型机的硬件电路设计监控软件(机器指令)，再根据机器指令要求，设计微程序流程图(见图 7－2)及微程序，最后形成十六进制文件。

7.3.1 实验内容

(1)设计复杂模型机的监控软件，详细如下：

$P00   44   IN   01，   R0

$P01   46   IN   01，   R2

$ P02	98	ADC	R2,	R0
$ P03	81	MOV	R0,	R1
$ P04	F5	RLC	R1,	R1
$ P05	0C	BZC	00,	00
$ P06	00			

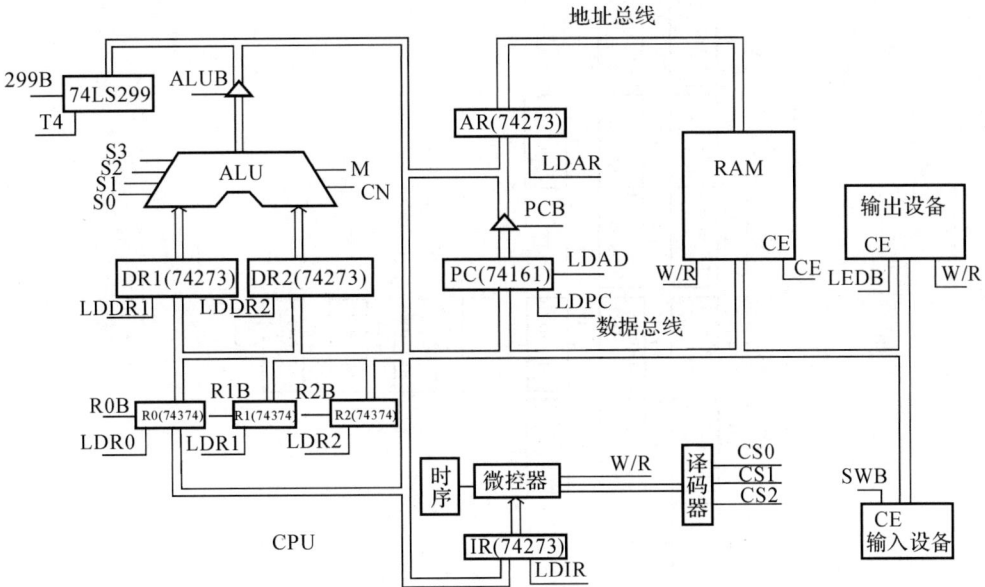

图 7-1　数据通路框图

（2）根据复杂模型机的监控软件设计微程序流程图（见图 7-2），按照实验机设计的微指令格式，参照微指令流程图，设计微指令，并形成二进制代码表（见表 7-2）。

表 7-2　二进制代码表

24	23	22	21	20	19	18	17	16	15 14 13	12 11 10	9 8 7	6	5	4	3	2	1
S3	S2	S1	S0	M	Cn	WE	B1	B0	A	B	C	μA5	μA4	μA3	μA2	μA1	μA0

A 字段				B 字段				C 字段			
15	14	13	选择	12	11	10	选择	9	8	7	选择
0	0	0		0	0	0		0	0	0	
0	0	1	LDRi	0	0	1	RS-B	0	0	1	P(1)
0	1	0	LDDR1	0	1	0	RD-B	0	1	0	P(2)
0	1	1	LDDR2	0	1	1	RI-B	0	1	1	P(3)
1	0	0	LDIR	1	0	0	299-B	1	0	0	P(4)
1	0	1	LOAD	1	0	1	ALU-B	1	0	1	AR
1	1	0	LDAR	1	1	0	PC-B	1	1	0	LDPC

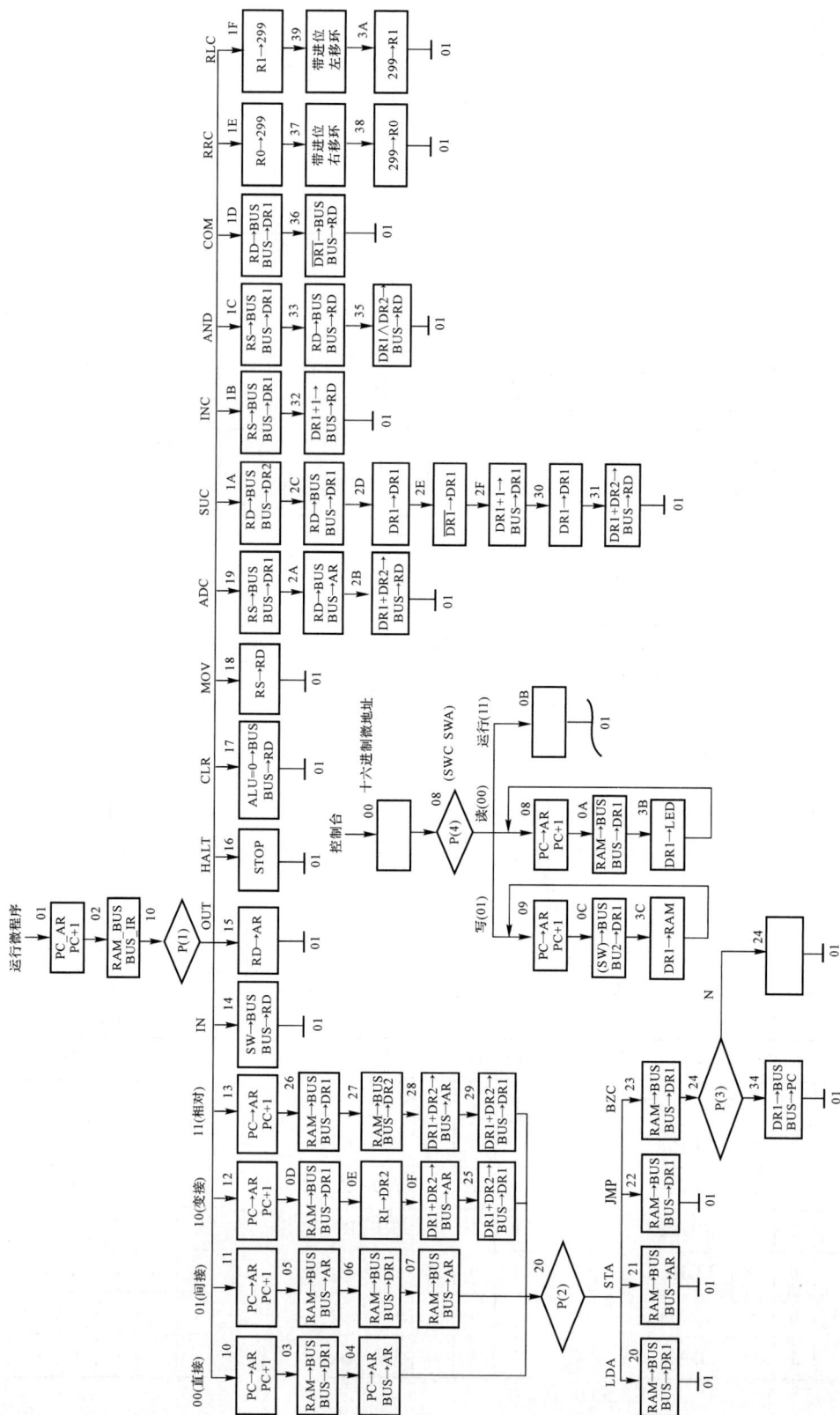

图7-2 微程序流程图

（3）将二进制代码表转换为联机操作时的十六进制格式文件（文件名为 C8JHE3）。其程序如下：

程序：

$ P00　44

$ P01　46

$ P02　98

$ P03　81

$ P04　F5

$ P05　0C

$ P06　00

微程序：

$ M00　088105

$ M01　82ED05

$ M02　50C004

$ M03　04A004

$ M04　A0E004

$ M05　06E004

$ M06　07A004

$ M07　A0E004

$ M08　8AED05

$ M09　8CED05

$ M0A　3BA004

$ M0B　018005

$ M0C　3C2004

$ M0D　0EA004

$ M0E　0FB605

$ M0F　25EA95

$ M10　83ED05

$ M11　85ED05

$ M12　8DED05

$ M13　A6ED05

$ M14　011004

$ M15　010407

$ M16　168005

$ M17　019A3D

$ M18　019205

$ M19　2AA205

$ M1A　2CB205

＄M1B　32A205

＄M1C　33A205

＄M1D　36A205

＄M1E　378235

＄M1F　398235

＄M20　019004

＄M21　018406

＄M22　81DB05

＄M23　E48005

＄M24　018005

＄M25　A0AA95

＄M26　27A004

＄M27　28BC05

＄M28　29EA95

＄M29　A0AA95

＄M2A　2BB405

＄M2B　419B95

＄M2C　2DA405

＄M2D　6EAB05

＄M2E　2FAA0D

＄M2F　30AA05

＄M30　71810D

＄M31　419B95

＄M32　019A05

＄M33　35B405

＄M34　81DB05

＄M35　419BBD

＄M36　019A0D

＄M37　38882D

＄M38　019805

＄M39　3A881D

＄M3A　019805

＄M3B　080A07

＄M3C　098A06

(4)实验接线。在实验六的基础上将跳线器 J13 和 J14 由右边相连改为左边相连,再将 IJ1 连 IJ2。详细步骤如下:

1)跳线器 J1～J12 全部拨在右边(自动工作方式)。

2)跳线器 J16,J18,J23,J24 全部拨在左边。

3)跳线器 J15,J19,J25 全部拨在右边,跳线器 J13,J14 拨在左边。

4)跳线器 J20～J22,J26,J27 连上短路片。

5)UJ1 连 UJ2,JSE1 连 JSE2,SJ1 连 SJ2。

6)MBUS 连 BUS2。

7)REGBUS 连 BUS5。

8)PCBUS 连 EXJ2。

9)ALUBUS 连 EXJ3。

10)ALUO1 连 BUS1。

11)EXJ1 连 BUS3。

12)ALUO2 连 BUS4。

13)IJ1 连 IJ2。

(5)连接实验线路,仔细查线无误后接通电源。

(6)写微程序和程序。

1)手动方法写微程序参看实验四。手动方法写代码程序(机器指令)步骤如下:

通过上一步将机器指令对应的微代码正确地写入 E^2PROM 2816 芯片后,再进行机器指令程序的装入和检查。

A. 将"编程开关"置"运行"位置,"运行方式"开关置"单步"位置。

B. 拨动总清开关(0→1),微地址寄存器清零,程序计数器清零。然后使控制开关 SWC,SWA 置为"01",按动一次"启动运行"开关,微地址显示灯 LμA0～LμA5 显示为 "001001",再按动一次"启动运行"开关,微地址显示灯 LμA0～LμA5 显示为"001100",此时数据开关的内容置为要写入的机器指令,再按动一次"启动运行"开关,即完成该条指令的写入。若仔细阅读微程序流程,就不难发现,机器指令的首地址只要第一次给入即可,PC 会自动加 1,因此,每次按动"启动运行"开关,只有在微地址灯显示"001100"时,才设置内容,直到所有机器指令写完。

C. 写完程序后须进行检验。拨动总清开关(0→1)后,微地址清零,PC 程序计数器清零,然后使控制开关 SWC,SWA 置为"00",按"启动运行"开关,微地址灯将显示"001000",再按"启动运行"开关,微地址灯显示为"001010",第三次按"启动运行"开关,微地址灯显示为"111011",此时总线数据显示灯 LZD0～LZD7 显示为该首地址的内容,再次按动"启动运行"开关,微地址灯显示为"001000",此时,二位数码管显示的内容即为 RAM 中的数据。不断按动"启动运行"开关,可检查后续单元内容。

注意:每次仅在微地址灯显示为"001000"时,二位数码管显示的内容才是相应地址中的机器指令内容。

2)联机读/写微程序和程序。用联机软件的装载功能将十六进制格式文件(文件名为 C8JHE3)装入实验机即可。具体操作步骤如下:

A. 打开并运行 DVCC 组成调试软件。

B. 选择"调试→装载源程序",在文件打开对话框中选择"C:\DVCCZC\C8JHE3"文件即可将十六进制文件中的机器程序装入实验箱中的内存,微程序装入实验箱中的微控制存储器中。

（7）运行程序。

1）单步运行程序。

A. "编程开关"置"运行"状态，"运行方式"开关置为"单步"状态，"运行控制"开关置为"运行"状态。

B. 拨动总清开关(0→1)，微地址清零，PC 计数器清零，程序首地址为 00H。

C. 按"启动运行"开关，即单步运行一条微指令。对照微程序流程图，观察微地址显示灯是否和流程一致。

2）连续运行程序。

A. "编程开关"置"运行"状态，"运行方式"开关置为"连续"状态，"运行控制"开关置为"运行"状态。

B. 拨动总清开关，清微地址及 PC 计数器，按"启动运行"开关，系统连续运行程序。如果要停止程序的运行，只需要将"运行控制"开关置为"停止"状态，系统就停机。

（8）采用单步或连续运行方式执行机器指令，参照机器指令及微程序流程图，将实验现象与理论分析比较，验证系统执行指令的正确性。

7.3.2　实验思考题

（1）写出实验中实现汇编指令 MOV R0,R1 的指令格式。

（2）写出实验中实现汇编指令 LDA M,D,rd 的指令格式，并进行详细解释。该指令为单字节指令还是双字节指令？

实验八 复杂模型机应用

8.1 实验目的

(1)掌握复杂模型机的指令系统。
(2)会用复杂模型机完成指定的某一具体任务。

8.2 实验内容

用复杂模型机的设计与实现实验,完成如下任务:
(1)计算 12H+05H,并将运算结果显示在二位数码管上。要求采用单步运行微指令的方式调试出正确的实验结果,并将该结果显示在实验箱的数据管上。
(2)写出实验运行的助记符程序和机器程序。
(3)写出该机器程序运行的微指令执行顺序。
(4)记录实验运行的结果。

附　　录

附录 1　DVCC 教学实验系统软件简介

　　DVCC 实验机系统在控制软件的协调控制下,提供灵活的实验操作方式。在实验计算机独立使用时,通过拨动开关、发光二极管及二进制数码的形式进行输入、编程、显示、调试,而且数据的输入/输出显示为高电平亮,低电平灭,符合人们的习惯;在实验计算机通过 RS-232 通信接口与上位机联机时,可以在上位机上进行编程、相互传送装载实验程序、动态调试和运行实验程序等全部操作,实验者可根据实验题目的需要在两种实验操作方式之间随意切换。

　　DVCC 实验计算机系统提供 Windows 环境下集成调试软件,有多个显示窗口,如寄存器窗、微代码窗、程序代码窗、动态代码调试窗、实时数据流动显示窗等,可在屏幕上显示本实验计算机的组成逻辑示意图;微代码、程序代码可直接在屏幕上修改、编辑;微代码字段直接动作解释;调试运行过程实时动态跟踪显示,如数据流的流向及数据总线、地址总线、控制总线的各种信息,使调试过程极为生动形象。此外,DVCC 实验计算机系统具有逻辑示波器测量等强大功能,为实验者提供了良好的实验操作环境,增强实验者学习、实验的兴趣,从而提高教学效果。

　　在 DVCC 实验计算机上还配有双通道虚拟示波器测量软件,用于实验过程中信号的观察,以便在设计性、创新性实验过程中及时分析、排除故障,这样可以减少实验室硬件设备的投入,提高实验设备的综合利用率。

附录 2　DVCC 教学实验系统硬件性能

　　1.8 位字长、16 位字长兼容设计

　　教学计算机字长主要取决于运算器。当运算器的主体部分用 2 片 74LS181 芯片级联而成时,就构成 8 位运算器;当用 4 片 74LS181 芯片级联而成时就构成 16 位运算器。教学计算机的字长是 8 位还是 16 位,对学习计算机组成原理这门课虽没有什么实质性的影响,但为了让学生对字长的概念有更深刻的理解和认识,在本机上可同时提供 8 位、16 位字长的两种运算器功能。

2.采用总线结构

实验机采用总线结构,使实验计算机具有结构简单清晰、扩展方便、灵活易变等诸多优点,系统内有 3 组总线:数据总线、地址总线和控制总线。其中,数据总线和地址总线用 8 芯排针引出,实验时只要少量接线即可。

3.提供计算机基本功能模块

DVCC 实验机为学生提供了运算器模块 ALU、寄存器堆模块、指令部件模块、内存模块、微程序模块、启停和时序电路模块、控制台控制模块以及扩展模块。各功能模块的输出均通过三态器件,部分模块(每个实验均用到)间的总线已连好,另一部分模块的总线,实验者可按需要连接。各模块所用的控制线全部用跳线器跳接,简单方便。

4.提供扩展模块

DVCC 实验计算机为实验者提供创造性设计的平台,板上扩展了在系统可编程的大规模电路 CPLD 器件 ISP1032E(LATTICE 公司)。它的全部引脚对外开放,实验者可完全根据自己的设计思路进行计算机组成原理设计、仿真、综合,并且下载到器件中,再验证其设计的正确性,最终完成设计。

5.提供智能化控制台

控制台由 8 位单片微机控制,为调试和使用实验计算机提供良好的条件。

实验计算机在停机时,实验者可通过控制台将程序装入微控器中,读出微控器或内存指令单元中的内容并且在计算机屏幕上显示出来。

实验计算机运行时,可由控制台控制实验计算机从指定的地址开始运行程序,并可以人工干预使其停止运行;也可控制实验计算机逐条逐拍地运行,并自动测量和显示每一拍运行后的地址总线、数据总线和微地址以及微程序的内容。

6.实验接线量少,实验效率高

具有上述特性的 DVCC 实验计算机在很大程度上减少了实验者的接线工作量,因此减少了出错的可能性,有利于实验的正常、顺利进行,让实验者在有限的实验时间内将精力集中在实验的关键部分。特别是进行整机实验时,学生可以集中时间和精力按要求设计实验计算机整机逻辑、指令系统及相应的控制器。

附录 3　DVCC 实验箱出厂默认跳线

J1～J12 跳左边;

J13～J16 跳右边;

J17,J28 空;

J18,J19,J23,J24,J25 跳左边;

J20,J21,J22,J26,J27 接上跳线。

编程开关,拨在"运行"状态;

运行程序开关,拨在"运行"状态;

运行方式开关,拨在"单步"状态;

SWC,SWA:总清,拨在上面。

附录 4　DVCC 教学实验系统与微机的连接

DVCC 教学实验系统使用串行通信电缆通过 RS-232 串口与微机相连。具体连接步骤如下：

（1）将桌面上的白色串口线接至实验箱面板最右边中间的串行通信口上。

（2）点击桌面上的 ZCYL.exe。

（3）打开实验箱右侧电源开关。

（4）按实验箱上的红色复位按钮。

（5）点击软件上的连接图标，若无 Error（错误）对话框弹出，即表示该实验箱已和计算机连通，计算机和实验箱就可以开始通信了。

附录 5　DVCC 教学实验系统与微机连接失败时的排查

当 DVCC 教学实验系统与计算机连接时弹出错误对话框，可按下面步骤进行排查：

（1）检查串行通信电缆是否与微机可靠连接。

（2）检查通信电缆是否正确连接在实验箱的串行通信口上。

（3）检查是否将应用软件 ZCYL.exe 打开了多次。